国际电气工程先进技术译丛

太阳能制氢的能量转换、储存及利用系统

——氢经济时代的科学和技术

［意］ 加布里埃莱·齐尼(Gabriele Zini)
保罗·塔塔里尼（Paolo Tartarini） 著

李朝升 译

机 械 工 业 出 版 社

太阳能制氢的能量转换、储存及利用系统是一种替代当前基于化石能源集中式能源系统的有效、可靠、持续、独立的系统。该系统利用不同的能源转换技术，将太阳能等可再生能源转换为氢能并加以存储，然后利用燃料电池转化为电能或者直接作为燃料燃烧。

本书结合可再生能源的转换、存储和利用技术，给读者介绍了太阳能制氢的能量转换、储存及利用系统的建模、运行和实施。本书讨论了太阳能光伏、风力发电、电解、燃料电池、传统和先进储氢等技术，并对系统管理和输出性能进行评估。还列举了现实生活中的装置实例来说明这些系统无需化石能源而能独立地供应能源。

本书可供从事新能源行业的科研人员使用，也可作为高等院校新能源相关专业学生的参考书。

原 书 序

可再生能源在未来的能源中将发挥非常重要的作用。这是我在法国国家太阳能研究所（INES）下属的太阳能系统实验室开展工作的驱动力，这也是 Gabriele Zini 选择在同一个团队中研究光伏系统的原因。随着光伏组件和系统的价格降低，欧洲南部的一些地区已经开始达成市电平价，这意味着太阳能发电销售价格已经可以与传统电力竞争。在未来十年，太阳能光伏发电甚至能够与许多地区的传统电力竞争。风力发电的应用也有类似的发展趋势。

然而，可再生能源与传统能源之间的巨大差异会成为市场障碍。太阳能系统只能在阳光灿烂时产生能源。风能随风速的变化而变化。因为没有工具来控制它们，所以传统电力运营商，特别是在法国，往往把可再生能源称为"致命的"能源来源。

在可再生能源的市场渗透性很低的时候，这些波动是无关紧要的。然而，一旦可再生能源入网，需要创新性的解决方案以确保给客户提供可靠的电力供应。这对于岛屿上的能源供应非常重要；对于我们今天可以看到像德国这样可再生能源渗透性高的大陆电网也是至关重要的。

第一个解决方案可能是提供大规模的太阳能发电与电力需求来匹配。然而，这对于整体电力需求是无法完成的。而且实现匹配快速波动的需求是更加困难的。这就是为什么我们要准备解决问题的第二套方案——储能一体化。氢能便于能源存储和运输，是一种很有前途的存储选择。这是本书正在探索和作者多年来一直在研究的内容。我确信读者可以在这里找到关于氢能可再生能源系统的有趣简介。我也相信读者会发现氢能是能提高可再生能源市场渗透率的一个有趣工具。

Jens Merten
国家太阳能研究所（INES）太阳能系统实验室主任

前　言

化石能源完全枯竭或者成本过高难以开采，只是时间问题。如果延续这种趋势，化石能源时代终将要画上句号。人类面临的问题除了化石能源日益减少之外，还有燃料在开采、运输、加工和使用过程中所引起的环境污染问题，这就是我们为什么必须尽快找寻到解决当前现状的措施，从而尽快进入新能源时代的原因。

氢能被视为在这个历史过渡期间最可能充当领导角色的候选者之一。毋庸置疑，不能通过化石能源来提供制备氢气所需要的能量。因此，有必要求助于取之不尽、用之不竭、环境影响尽可能小的可再生能源。在可再生能源当中，作者认为太阳能是最佳的选择之一，其原因将在本书中进行阐述。

本书共分为11章来给读者展示太阳能制氢的能量转换、储存及利用系统的运行和实施的最新知识。该系统结合不同的技术，有效、协调地将可再生能源转换为化学能并以氢的形式储存起来，然后转化为更容易利用的能源形式——电能。

本书第1章介绍了以氢为基础的新能源系统相关的宏观经济、技术和历史。第2章介绍了氢的理化性质、生产、应用以及用于氢储存和运输材料的失效现象和相容性。第3章详细探讨了电解槽和燃料电池的性能和建模。第4章和第5章分别描述了光伏和风能的技术基础。第6章讨论了其他潜在可用于制氢的可再生能源。第7章阐述了另一个重要问题的全过程：氢存储。第8章提供了许多关于在标准电池和其他更先进电池替代品中化学存储的相关信息。第9章详细讨论了实际实现氢气的完整系统和利用数学模型模拟系统的性能。第10章列举了现实生活中一些很有趣的应用实例。第11章给出了最终结论。在每章的末尾为进一步探讨该主题的读者列出了相关参考文献。

本书的目标是与大家分享太阳能制氢的能量转换、储存及利用系统的科学和技术，并帮助建立一个新的可持续能源经济。我们希望我们将会成功。

非常感谢西蒙娜·佩得拉茨（Simone Pedrazzi）为本书部分模型和模拟提供的帮助，感谢意大利维基董事会秘书安德列·赞尼（Andrea Zanni）帮助正确使用来自维基媒体数据库知识共享（Creative Commons）授权图片。

　　作者还要感谢 Pei-Shu Wu 的翻译和编辑，大大提高了本书定稿的质量。最后，我们还要感谢施普林格意大利公司的 Francesca Bonadei、Maria Cristina Acocella 和 Pierpaolo Riva 在本书最终出版阶段给予的帮助！

Gabriele Zini

Paolo Tartarini

缩 略 语

AC	Alternate Current，交流电
	Activated Carbon，活性炭
AE	Alkaline Electrolyser，碱性电解剂
AFC	Alkaline Fuel Cell，碱性燃料电池
BET	Brunauer-Emmett-Teller，布鲁诺尔-艾米特-泰勒
BoS	Balance of System，系统平衡
CAES	Compressed Air Energy Storage，压缩空气储能
CHP	Combined Heat and Power，热电联产
COP	Coefficient of Performance，性能系数
DC	Direct Current，直流电
DL	Double Layer，双电层
DOE	Department of Energy，能源部
EDL	Electrical Double Layer，双电荷层
EL	Electrolyser，电解剂
FC	Fuel Cell，燃料电池
FF	Filling Factor，填充因子
GHG	Greenhouse Gas，温室气体
HA	Hydrogen Attack，氢蚀
HC	Hydrocarbon，碳氢化合物
HCV	Higher Calorific Value，高发热值
HE	Hydrogen Embrittlement，氢脆
HFL	Higher Flammability Limit，较高的可燃性极限
HHV	Higher Heating Value，高热值
HTE	High Temperature Electrolysis，高温电解
HTS	High Temperature Shift，高温变换
IEA	International Energy Agency，国际能源署
IEC	International Electrotechnical Commission，国际电工委员会
LCV	Lower Calorific Value，低发热值
L-F	Langmuir-Freundlich（equation），朗格缪尔-弗罗因德利希（方程）

LFL　　　Lower Flammability Limit，较低的可燃性极限

LHV　　　Lower Heating Value，低热值

LIB　　　Lithium-Ion Battery，锂离子电池

LTS　　　Low Temperature Shift，低温变换

MCFC　　Molten Carbonate Fuel Cell，熔融碳酸盐燃料电池

MCP　　　Measure，Correlate，Predict，测量、校准、预测

MPPT　　Maximum Power Point Tracking，最大功率点跟踪

MWCNT　Multi-Wall Carbon Nano-Tube，多壁碳纳米管

NBP　　　Normal Boiling Point，标准沸点

OTEC　　Ocean Thermal Energy Conversion，海洋温差发电

PAFC　　Phosphoric Acid Fuel Cell，磷酸燃料电池

PDF　　　Probability Distribution Function，概率密度函数

PEM　　　Proton Exchange Membrane，质子交换膜

　　　　　Polymer Electrolyte Membrane，高分子电解质膜

PEMFC　Proton Exchange Membrane Fuel Cell，质子交换膜燃料电池

　　　　　Polymeric Electrolyte Membrane Fuel Cell，高分子电解质膜燃料电池

PLC　　　Programmable Logic Controller，可编程序控制器

PM　　　Particulate Matter，颗粒物质

PME　　　Polymeric Membrane Electrolyser，高分子膜电解槽

PV　　　　Photovoltaic，光伏

QoS　　　Quality of Service，服务质量

RES　　　Renewable Energy Source，可再生能源

SHC　　　Specific Heat Capacity，比热容

SHE　　　Standard Hydrogen Electrode，标准氢电极

SHES　　Solar Hydrogen Energy System，太阳能制氢的能量转换、储存及利用系统

SMES　　Superconducting Magnetic Energy Storage，超导磁蓄能

SMR　　　SteaM Reforming，蒸气重整

STP　　　Standard Temperature and Pressure，标准温度和压力

SOC　　　State Of Charge，充电状态

SOFC　　Solid Oxide Fuel Cell，固体氧化物燃料电池

SPE　　　Solid Polymer Electrolyser，固体聚合物电解槽

SRC　　　Specific Rated Capacity，比额定容量

SWCNT　Single-Wall Carbon Nano-Tube，单壁碳纳米管

TM	Trademark，商标
TSR	Tip-Speed Ratio，叶尖速比
UC	Ultra-Capacitor，超级电容器
UPS	Uninterruptible Power Supply，不间断电源
USD	United States Dollar，美元
VRB	Vanadium Redox Battery，钒电池
VRLA	Valve Regulated Lead-Acid，阀控铅酸

目　　录

第1章 绪 论

化石能源的不断减少和负面影响对我们的生态系统已造成了巨大危害。氢气能够替代这些传统能源，成为未来能源经济中的最有潜力的能源载体。本章讨论能源的可持续性，并证明基于氢和可再生能源的新能源系统在技术和经济上的可行性。

1.1 现状

接近88%的当代能源经济依赖于化石能源，然而随着化石能源日益减少并且严重破坏生态系统，有必要采取全新思维去寻找解决问题的答案，并规划未来更安全和可持续的能源供应。为了达到这个目的，人类需要一个基于自然可再生能源或安全清洁核能技术的不同的新能源系统。

由于化石燃料的生成需要亿万年，因此以目前的消耗速度，这些资源将不可能及时得到补充。这样的能源不能在合理的时间范围内再生，因而不能被视为可再生能源。与此相反，可再生能源的定义是来自可在一段短时间内重复再生的自然过程的能源。在诸多可再生能源中，地球每天收到的来自太阳的电磁能量便是其一；其他的例子还包括月球和地球之间的引力以及我们星球内部的热能。

当然，能量也可以通过核技术提供，特别是在地球上通过聚变电站尝试重现恒星内部发生的过程。然而这仍然遇到艰巨的技术挑战，在化石燃料枯竭前非但不可能及时解决，而且在过渡期间给环境造成难以修复的破坏。同时，目前的核聚变技术仍存在许多缺陷和安全风险，很多人认为利用核能技术将是弊大于利。基于这些因素，当前值得重点关注的是如何更好地开发和利用可再生能源。在新能源格局建立并完全取代当前的化石燃料为基础的经济之前，巨大的技术和经济方面的挑战必须得以克服。此外，这种转变也将带来重大的制度变革，在未来的几十年对我们的生活方式和国际权力平衡带来完全、彻底的转变。

1.2 石油峰值理论

由于化石燃料必将消耗殆尽，在讨论可取代这些化石能源的新能源之前就必须对目前化石燃料的开采和消耗模式有一个清醒的认识。

在 20 世纪 50 年代，美国地质学家哈伯特（M. K. Hubbert）提出了石油峰值理论，并指出石油和其他燃料的开采模式遵循钟形曲线。从曲线的趋势来看，随着时间的增加，发现和开采石油的数量增长达到最大值，之后便按照镜像对称轨迹逐渐下降。这个模型概念的基础就是化石燃料的供应是有限的，或是由于发现新的石油储备的减少或是由于现存为数不多油田开采成本的增加而导致的。

该曲线由逻辑增长模型（又称自我抑制性方程）描述为

$$Q(t) = \frac{Q_{max}}{1 + a\exp(bt)} \tag{1.1}$$

式中，Q_{max} 是可用资源的总量；$Q(t)$ 是迄今累积的生产量；a 和 b 是从 1911 ~ 1961 年在美国原油产量减少模型所获得的常数。

很多不同的研究数据都表明：哈伯特模型确实和许多石油生产国实际石油生产格局严格匹配。在图 1.1 中，模型（黑线）被应用到美国 1910 ~ 2005 年期间记录的实际石油生产的趋势（灰线），这两条曲线互相吻合是显而易见的。其他国家的石油生产也表现出相同的自我抑制生产趋势。例如，作为 OPEC 成员国的印度尼西亚，其生产曲线同样类似哈伯特模型，已经从一个石油出口国转变成石油进口国。

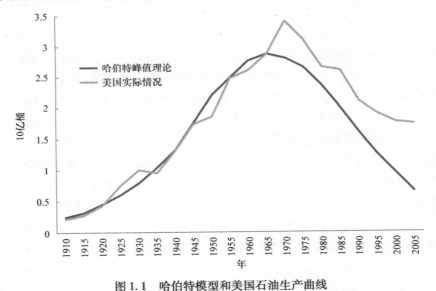

图 1.1　哈伯特模型和美国石油生产曲线

此刻，基于石油的静态消费[⊖]可以预言世界石油的经济周期还有 50 年。然

⊖　静态消费意味着以现有的水平保持固定的消费速率，不依赖于世界消费量的变化。石油的世界消费量预计会持续增加，而且排除发现新的可采储量的可能性。

而，由于惧怕引起全球性的金融恐慌，石油储备的确切数量一直受到保护，这也使得这一推测具有许多不确定性。更甚者，许多国际组织提供的统计因缺乏完整的数据往往是不正确的。

在努力寻求新的石油储备的同时，仍有其他问题需要考虑。世界各大石油公司已经表示：即使新油田不断地被发现，石油储备走向衰竭的问题也不会解决。现有的石油储备不仅难以定位，而且开发也需要更高的投资，如建设长的石油管线需要跨越常有恐怖袭击等政治上不稳定的国家；如果储备量较低，将会面对较高的炼油成本；世界原油市场不停息的炒作也丝毫无助于稳定局势。另外，当石油生产开始沿着哈伯特曲线下降时，即使是在最后一滴石油被提炼出来以前，提炼的边际成本将开始上升，对生产极为不利。这也将迫使石油公司经营一些投资风险和回报较小的项目，并以提高这些项目市场价格的方式将负担转移到最终用户。

除了石油，哈伯特曲线也适用于其他类型的燃料。例如，以当前的消耗速度估计，如果甲烷气体的经济周期约为 65 年，煤炭的耗尽还有 200 多年。即便是传统燃料的枯竭危机没有立刻出现，但是大部分的化石燃料储备都处在社会不太稳定的国家，这是需要考虑的重要问题，也导致石油市场出现类似于寡头垄断、求过于供的市场问题所在。这意味着相比燃料的实际供应，严重的市场供应短缺更易受到政治因素的影响。

除了储备供应的问题，基于碳燃料燃烧的热力学对全球生态系统的破坏是值得迫切关注的问题。这将在接下来的章节讨论。

1.3 能源的种类以及对环境的影响

太阳以电磁辐射的形式向地球提供能量。这种能量与地球的生态系统相互作用，并被转换成不同的形式，如在有机系统积累的生物化学能和储存在空气或水物质运动中的势能。其他类型的能源来自地球本身，或来自于与月球间的引力作用（见表 1.1）。

从热力学的观点看，产生能量单位最小熵的来源有万有引力、核聚变和太阳辐射。这些能量是以电磁辐射、风和潮汐运动、海洋热交换、洋流、水循环、地热、生物能和核聚变等形式展现在地球上。所有这些能源都对环境产生一定的影响，然而这些能源可以加以充分开发。

到现在为止，全球的大部分能量仍从化石燃料的燃烧获得。这种燃烧产生的副产物对空气、土壤和水源造成严重污染。同时，燃烧每年也会向空气散发数十亿吨的 CO_2 以及其他有害物质，如氮和硫氧化物。大气中释放的 CO_2 阻止了蓄积在地球表面的热量向外空间释放，从而形成一个有害的温室效应（或花房效应）。

表1.1 地球上不同可再生能源的来源

来　源	能　量	类　型
太阳	电磁能	辐照（热和光伏）
		势能（水循环）
		势能（风、海浪）
		生物化学（生物质）
地球	辐射能	热
月球	引力能	势能（潮汐）

许多科学和工业组织已经研究大气中的温室气体（GHG）浓度与平均气温上升的相关性。联合国政府间气候变化专门委员会（IPCC）预测，地球的平均温度将在未来100年上升1.4%～5.8%，气候变化气体排放是最有可能导致温度上升的原因。其他国家组织，如德国全球变化咨询委员会也预测到，由于向地球及其大气层排放导致气候变化的气体，全球不同的气候带在经过一系列极端的气象后会发生变化。

然而，许多学者就温度上升是否与人类排放的CO_2相关等问题也发表了不同见解[30]。其中，正确地计算大气中CO_2的浓度、估算太阳周期对温度变化的影响都是隐含在这些争论中的困难。无论在何种情况下，科学界正在想办法避免全球变暖的最坏情形，并建议政府采取适当的策略来应对这种情况。面对迅速减少化石燃料及其对人类健康和环境造成的危害，也迫使我们寻找石油燃料的替代品。

阻止CO_2在大气中积累的一种解决方案是利用封存技术捕捉释放出的CO_2气体。然而，这其中的困难重重，昂贵的过程仍有许多亟待改进的空间。首先，目前CO_2的排放量已被证实为每年约60亿吨，而CO_2排放量需要减少到每年20亿吨方可稳定当前的气候条件。每年处理这些CO_2排放量的封存技术尚不够成熟。此外，在经济方面，这项技术需要相当高的成本，即便抛开盈利的可能性，如果没有政府激励政策，没有哪家企业愿意承担这个代价。为找到一个更具吸引力和能创收的解决CO_2封存问题的方法，人们建议要更加创造性地使用碳基燃料：碳基物质可作为施工用原料，而不是长期不断增加碳的存储量，使得每个能源产出者均可视为其自身的一个露天的煤矿。此外，根据哈洛伦（W. Halloran）的研究[10]，这种方法也允许释放碳，以获得能够产生利润及进一步鼓励CO_2封存技术发展的经济价值。由此产生的收入也可以看作是避免环境污染成本的一部分，进一步提高整体经济效益。在另一方面，由于 CO_2 封存过程增加的化石能源生产成本为几美分/kWh，因此，相比之下其他无碳能源将更具吸引力和竞争力。

除了 CO_2，全球超过一半的硫氧化物、氮氧化物、重金属元素和颗粒物排放也来自化石燃料的燃烧。这些物质被认为是大范围疾病的根源。1997 年，卢迪（M. A. K. Lodhi）[16]估计，碳燃烧引起的环境危害的外在性成本大约为 9900 亿美元，而来自石油和天然气的成本分别为 9500 亿美元和 4000 亿美元。由于当时的环境和人类健康的损害程度没有得到充分的分析和认知，今天看起来那些数字被低估了。

我们现在生活的生态系统，无论是地下还是海洋，是一个千百年来都在处理和存储巨大数量的 CO_2 和其他有害物质的机体。然而，到了 18 世纪末，第一次工业革命的爆发突然中断了它的自我净化的机制。如果以目前的燃料消耗速度发展下去，用不了多少年后人类将用尽地球积累了 4 ~ 5 亿年的能源。大气中将再次充满曾经封存的温室气体、重金属元素、硫和其他微粒。这种风险是极为突出的。因此，建立一个可持续的能源系统是有效地减少化石燃料燃烧、恢复生态系统平衡唯一的解决方案。

1.4 能源系统的可持续性

据莫里亚蒂（P. Moriarty）和霍恩尼（D. Honnery）观点[22-24]，符合下列准则的能源系统是可持续的：

1）能源输出除以能源输入得到的能量比要大于 1；

2）能源输入的轻微增加要正比于或者大于能源输出的轻微增加；

3）使用该能源，没有负面的外部作用产生，或此类的外部作用能够得到充分补偿。

第一准则表示过程中的能量产出要比投入大。第二准则表明：当投入增加时，输出也应该至少成比例地增加。最后，该能源系统应该是可以被社会接受的，不会造成任何负面的环境影响，如空气、土壤和水的污染，森林砍伐，海洋中酸碱度的改变等。任何不符合这些准则的能源系统将是低效的，会给人类和环境带来危害，甚至都不能认为是可持续的。

幸运的是，许多可再生能源都能满足这些条件。然而，它们还有着性能不稳定的特点，这也意味着产出的能量可以在很短的时间内发生显著变化。以太阳辐射为例，太阳辐射到达地面的强度可以在一天、一周或一个月内发生改变，这取决于白天的时间、太阳倾斜角和气象条件。遗憾的是，风能及其他可再生能源也受相同的波动影响。因此，依赖于这种类型能源的经济体应该着手解决这个每天和季节性不平衡的能量供给，并平滑能量供给的波动以提供更可靠、可设计的能源生产结构。解决的方法在于高效的能量的存储、分配到各能源网络和最终用户的管理。所得能量的存储有许多不同方法，将在下面的章节中论述，其中氢是一种具有高度优势和竞争力的选择。

1.5 氢新能源系统

氢是广泛存在的元素，通常以氧化态的形式存在于水中。在外部能量作用下，水可以分解为两种主要组分，即氢气和氧气。氢气和氧气通过燃烧复合，获得能量和水，而后者可以重新再次循环使用。利用电能将水分解成为氢气和氧气的过程称之为电解；而电解槽就是实现这一任务的器件。氢气和氧气发生反应获得水和能量是电解的逆过程，实现这一过程的器件称为燃料电池。与电解水需要能量不同，氢气和氧气的燃烧复合能够产生能量。

氢气，与电能一样，是能够将一次能源如天然气、石油、煤炭、核能以及其他可再生能源转换的能量储存起来的一种能源载体。它可以直接用来产生电和热，在不同的应用场合下取代碳氢燃料。此外，与传统燃料相比，氢能具有更高的单位质量能量密度。但是它具有低的单位体积能量密度，这仍然是需要解决的技术挑战，将在本书的后续章节讨论。

有三种能源可以用于制造氢气：

1）化石能源；

2）核能；

3）可再生能源，例如水电、地热能、生物质能、风能、光伏和太阳热能。

如前面1.4节所述，为了满足莫里亚蒂-霍恩尼的第三规则，生产氢能必须避免使用化石燃料或者传统的核能技术。因此，利用上述的第三能源是构建真实的可持续能源系统的唯一选择。

1.6 前景

氢经济定义为世界范围的能源系统，最广泛使用的能源载体是氢气。成功的能源载体能用作固定能源和非固定能源。固定能源指在固定场所或者现场操作的静态应用，然而非固定能源通常与人员和货物运输相关。

固定氢能源的一个例子就是称为"复兴岛"的项目[6]。这是在几个欧洲岛屿启动的研究计划，目的在于发展和验证了不同的创新方法来生产和储存氢。其中一个试验台被安装在葡萄牙的马德拉小岛，它包括 1.1MW 的风电场、75kW 的电解槽、300kWh 的氢存储系统和 25kW 的燃料电池。该项目令人鼓舞的地方在于证明了，考虑氢能系统的整个生命周期，以氢的形式储存能量相比于传统电池是更加经济方便的。

氢的非固定应用也需要得到充分的发展，以便在这方面完全取代化石燃料。只有这样，从目前的化石能源经济时代向新的氢经济能源时代过渡才算完整。这其中的关键在于为汽车用途建立一个广泛的氢气供应网络。这可以借鉴诞生于20 世纪初的化石燃料分配网络方式来实现。1908 年，当亨利·福特开始大规模生产 T 型车时，由于缺乏客户导致没有广泛的燃油分配系统。后来，随着需求开始增长，市场不断扩大，供应商不得不提高其生产能力，零售商不得不拿出一个辅助的燃料供给解决方案：从客户带来的空罐装汽油到在最繁华的街道的定点马车带来的气体泵。但直到 20 世纪 20 年代，我们今天所熟悉的加油站服务才开始发展壮大。尽管这些加油站的设施有限并在较低的预算管理下运行，但它们能够为经过的旅客提供需求并增加了其他服务以创造差异化，从而建立一个盈利的投资组合。

正如该如何渐进发展汽油燃料分销基础设施方式一样，未来将发展氢供应和管理网络。该网络可以利用一个已经整合的逻辑结构的优势，从而迅速适应这种新燃料的特性的发展。

未来氢经济的另一个特点是它的经济可行性。目前，化石燃料的商业开发可能仅适用于能够承受的开采、生产和分销成本的经济能力的大企业。与此相反，氢气生产相当容易，且成本更加低廉；甚至根据个人及个别住户的需求自制氢气可能不再是一个梦想。没有能源寡头垄断，我们的社会环境将会有深刻的变化，并产生我们今天还只能想象的效益。

在不同国家已经开展研究氢经济对各自的本地环境的影响。根据埃及亚历山大大学的阿卜杜拉[1]，利用太阳能作为可再生能源来产生氢将使埃及成为一个能源出口国，出口燃料是氢而不是油。在欧洲，丹麦学者隆德和马蒂森[17,18]也进行了研究，以评估利用可再生能源改变丹麦能源格局的可行性和最终对策。丹麦是一个石油出口国。由于几十年后全国石油储量将耗尽，丹麦的能源专家已经开始探索如何积极明智地改变他们的能源系统，以达到保持能源供应的自主权、减少对环境的影响、提高工业发展等多重目标。

在这项研究中研究者考察了三个基本的技术层面：通过有效地调节（对需求方）消耗来提高能源效率，提高能源生产效率（对供应方），以及利用可再生能源完全取代化石燃料（再次对供应方）。两个最困难的挑战分别是阶段性的可再生能源到电网的集成和非固定应用能源的供应。总之，该研究结果已经证实，可再生能源完全取代现有能源系统的转变是可能的。渐渐地，丹麦能源经济将经历 2030 年时的能源 50% 是可再生能源，最终，可再生能源 100% 替代化石燃料将在 2050 年左右实现的过程，总的 CO_2 减排高达 80%。

1.7　氢能的替代品

也有其他的替代品可以补充或替代以氢为主的能源系统。例如在丹麦，为尽可能汲取结合技术的更多优势，优化能源供应和需求之间的平衡，采用混合系统（即氢气和生物质）或其他方法都是可行的。另一种可能性是通过热电联产（CHP）工厂、热泵加热或电锅炉将电转换为热，以创造一个高效的、集成的、灵活的能源网络。这些系统都可以并肩协力，甚至能达到完全以氢为基础的系统状态。

另一个值得考虑的是在我们这个星球丰富且常见的元素——硅。它可以通过经济有效的方法制得，且不释放碳类的副产物。它也可以用在与氧和氮反应的放热过程中，并且可以非常安全地输送。此外，硅基元件易于再利用，硅除了在许多应用中作为中间产物，也可用于与水或酒精反应生产氢气的简单过程。

铝也可被用作能量载体。除去外部氧化层，纯铝可以与水在燃烧过程中反应产生氧化铝、氢气及用在热电联产循环中所需的足够热量。此外，从该燃烧产生的氢气可用于燃料电池中，以提供更多的电力和（或）热。基于此，铝条也可成为一个潜在可行的能量存储装置，如应用于航天技术中。

参 考 文 献

1. Abdallah M A H, Asfour S S, Veziroğolu T N (1999) Solar-hydrogen energy system for Egypt. Int. J. Hydrogen Energy 24:505–517
2. Auner N, Holl S (2006) Silicon as energy carrier - Facts and perspectives. Energy 31:1395–1402
3. Anthony R N, Govindarajan V (2003) Management Control Systems. McGraw-Hill, Boston
4. Brealey R A, Myers S C (2003) Capital Investment and Valuation. McGraw-Hill, New York
5. Cavallo A J (2004) Hubbert's petroleum production model: an evaluation and implications for world oil production forecasts. Natural Resources Research, International Association for Mathematical Geology 4 (13):211–221
6. Chen F, Duic N, Alves L M, Carvalho M da G (2007) Renewislands – Renewable energy solutions for islands. Renewable & Sustainable Energy Reviews 11:1888–1902

7. Covey S R (1989) The 7 Habits of Highly Effective People. Simon & Schuster Inc., New York

8. Franzoni F, Milani M, Montorsi L, Golovitchev V (2010) Combined hydrogen production and power generation from aluminum combustion with water: Analysis of the concept. Int. J. Hydrogen Energy 35:1548–1559

9. Hafele W (1981) Energy in a finite world: a global systems analysis. Ballinger, Cambridge, MA

10. Halloran J W (2007) Carbon-neutral economy with fossil fuel-base hydrogen energy and carbon materials. Energy Policy 35:4839–4846

11. Harrison G P, Whittington H W (2002) Climate change – a drying up of hydropower investment? Power Econ. 6 (1):651–690

12. Intergovernmental Panel on Climate Change (2001). Climate change 2001: mitigation. Cambridge University Press, Cambridge, UK

13. Jensen T (2000) Renewable Energy on small islands. 2nd ed. Forum for energy and development

14. Lackner K S (2003) A guide to CO2 sequesterization. Science 300:1677–1678

15. Lehner B, Czisch G, Vassolo S (2005) The impact of global change on the hydropower potential of Europe: a model-based analysis. Energy Policy 33:839–855

16. Lodhi M A K (1997) Photovoltaics and hydrogen: future energy options. Energy Convers Manage 18 (38):1881–1893

17. Lund H (2007) Renewable energy strategies for sustainable development. Energy, 6 (32):912–919

18. Lund H, Mathiesen B V (2009) Energy system analysis of 100% renewable energy systems - The case of Denmark in years 2030 and 2050. Energy 34 (5):524–531

19. Meir P, Cox P, Grace J (2006) The influence of terrestrial ecosystems on climate. Trends Ecol. Evol. 56:642–646

20. Melaina M W (2003) Initiating hydrogen infrastructures: preliminary analysis of a sufficient number of initial hydrogen stations in the US. Int. J. Hydrogen Energy 28:743–755

21. Melaina M W (2007) Turn of the century refueling: A review of innovations in early gasoline refueling methods and analogies for hydrogen. Energy Policy 35:4919–4934

22. Moriarty P, Honnery D (2005) Can renewable energy avert global climate change? In Proc. 17th Int. Clean Air & Environment Conf. Hobarth Australia

23. Moriarty P, Honnery D (2007) Intermittent renewable Energy: the only future source of hydrogen? Int. J. Hydrogen Energy 32:1616–1624

24. Moriarty P, Honnery D (2007) Global bioenergy: problems and prospects. Int. J. Global Energy Issues 2 (27):231–249

25. Nilhous G C (2005) An order-of-magnitude estimate of ocean thermal energy resources. Trans. ASME 127:328–333

26. Penner S S (2006) Steps toward the hydrogen economy. Energy 31:33–43

27. Rifkin J (2002) The Hydrogen Economy. Penguin, New York

28. Romm J (ed.) (2004) The Hype about Hydrogen: Fact and Fiction in the Race to Save the Climate. Island Press, Washington

29. Scheer H (1999) Energieautonomie – Eine Neue Politik für Erneuerbare Energien. Verlag Antje Kunstmann GmbH, München

30. U. S. Senate Minority Report: More Than 700 International Scientists Dissent Over Man-Made Global Warming Claims Scientists Continue to Debunk Consensus in 2008 & 2009 (2009). U.S. Senate Environment and Public Works Committee Minority Staff Report. Original Release: December 11, 2008. Presented at the United Nations Climate Change Conference in Poznan, Poland. Update March 16, 2009

31. Veziroğlu T N (2008) 21st Century's energy: Hydrogen energy system. Energy Conversion and Management 7 (49):1820–1831

第 2 章　氢

在未来能源经济中，氢气因其物理特性将成为一个能取代化石燃料的重要潜在候选者。氢气可以通过在化学和电化学过程用传统或新型的技术产生。然而，作为最小的分子，氢气在存储和运输系统中面临严重挑战。基于这个原因，管道材料和阀门必须精挑细选，接头和连接必须妥善密封，以避免出现老化和泄漏的问题。

2.1　氢气和能源载体

使用氢气作为燃料是一个很老的想法。它的历史可以追溯到 1766 年，卡文迪许首先认知和分离出这种化学元素，拉瓦锡在 1781 年授予它名字"氢"（意为水之源）。儒勒·凡尔纳甚至在他的小说《神秘岛》中将氢描述为未来的煤炭。1820 年塞西尔建立了一个氢气发生器，1923 年霍尔丹设法用风车产生氢气。1839 年格罗夫在一个原型燃料电池开展了最早使用氢气的实验，在 1870 年奥托在他的内燃机上首次使用含有 50% 氢气的混合气体做实验。作为在运输工具中的应用，因其比空气低的密度，该元素被用在气球和飞艇上，但由于它的可燃性，随后被氦取代。1938 年，西科尔斯基成功地利用它为直升机螺旋桨提供动力。

如今，氢气作为燃料仅用在航空航天方面，其中液态的 O_2 和 H_2 在一起反应以提供飞船逃离大气层所需的巨大能量，以及所有宇航员和仪器仪表所需的电能。虽然人类认识到氢气具有提供能量的能力已有很长的时间，然而在 2001 年，氢气在这方面提供的能量仅相当于所耗的化石燃料的 2%，估计产生每吉焦耳能量的成本是天然气的 3 倍。

虽然氢气具有非常高的质量能量密度，但它仍被认为是能量载体或二次能源，而不是像木材、石油和煤炭那些可即用的主要能源。事实上，在氢气使用之前，必须将含有氢元素的化合物通过化学转化为分子（H_2）形式。因此，氢是能够以化学的形式储存从主要能源转换而来的能量的媒介物质。作为能量的载体，氢可以在直接燃烧过程使用，或者更好的是在燃料电池中使用，此利用因不经过热循环而不受热力学第二定律的限制。相反地，通过在电化学反应运行，因其较高的转换效率，燃料电池能够产生最多的可利用能量。另外，氢气与氧气的反应释放能量和水，而不释放化石燃料燃烧的典型副产品二氧化碳。因此，考虑对环境的影响，氢可大大地降低导致气候变化且对人体健康有害的气体和化合物（如氧化氮、硫化物和微粒）的释放，可以说氢是化石燃料的最佳替代品。

尽管有上述优点，正如前面所提到的，氢气作为能源载体的使用仍然受若干缺陷限制：氢气的获得需要通过额外的化学过程；即使氢气被广泛应用在化工行业几十年，目前仍没有足够成熟大规模制氢的经济系统。

2.2　性质

氢（符号 H，原子序数为 1，电子组态为 $1s^1$）是元素周期表中第一个化学元素。它是属于 IA 族的非金属元素，原子量为 1.00794。在标准温度和压力下，它是一种无色、无臭、无味的分子式为 H_2 的双原子气体。

氢原子由一个质子和一个电子组成。它有两个氧化还原态（ +1， -1），鲍林原子电负性为 2.2。氢原子的唯一绕原子核旋转的高活性电子能够与其他氢原子形成共价键，以达到双原子分子的稳定结构。共价键半径大约为（ 31 ± 5 ）pm，范德华半径为 120pm。基态能级是 -13.6eV，电离能为 1312kJ/mol。氢有两种同位素：氘，具有 1 个质子和 1 中子；氚，具有 1 个质子和 2 个中子。

氢分子的每个质子有自己的自旋类型，从而导致 H_2 分子有两种存在类型：

1）正氢：两个原子的质子具有相同的自旋方向；

2）仲氢：两个原子的质子具有相反的自旋方向。

氢是宇宙中最常见的元素，它是恒星和星际气体的主要组成部分。例如，在离我们最近的恒星太阳进行了天文分析，结果显示其大约 75% 的质量是由氢组成。氢也是地球上最丰富的元素之一，并且广泛存在于有机和无机分子中，如水、烃类、糖类和氨基酸等。然而，由于我们地球的引力没有强大到足以留住这样轻的分子，地球上纯氢是非常罕见。

氢的一些物理性质的总结见表 2.1。

氢键是一种较弱的静电键，由共价键分子中部分带正电的氢原子与另一个共价键分子中部分带负电的原子相互吸引形成。特别当氢原子与像氮、氧和氟这样高电负性、能吸引价电子而获得部分负电荷的元素形成共价键，氢原子获得部分正电荷时，将这种键描述为偶极子-偶极子相互作用。当相对强正电性的氢原子与另外的化学基团或者分子的电子对接触时，氢键就形成了。例如，由于在 OH 中存在来自 O 的部分负电荷和来自 H 的正电荷，OH 成为永久（性）偶极子。氢键比离子键和共价键弱，但一般强于或等于范德华力，依赖局域介电常数，氢键能量在几个 kJ 左右。氢键存在于液态和固态 H_2O 中，使得其固态具有相对较高的沸点（例如相对于极性比较小的 H_2S 而言）。

表2.1 氢的物理性质

分子	H_2
标准状态下相态	气态
熔点	14.025K
沸点	20.268K
摩尔体积	$11.42 \times 10^{-3} m^3 mol$
汽化焓	0.44936kJ/mol
熔融焓	0.05868kJ/mol
密度	$0.0899kg/m^3$
声在氢气中传速	1270m/s（298.15K）
电负性	2.2（鲍林标度）
比热容	14304J/（kg K）
电导率	N/A
热导率	0.1815W/（mK）
电离能	1312.06kJ/mol
低热值	110.9-10.1（MJ/kg-MJ/km³）
最小点火能	0.02mJ
化学计量火焰速度	2.37m/s
密度	$0.084kg/Nm^3$
沸点	20.4K
临界点	32.9K
比热	14.9kJ/（kg K）
可燃性极限（体积百分比）	4%~75%

氢键另一个特点相对于其他类型的化学键而言，它们导致分子间彼此保持较远的距离，这就是为什么冰比水具有较低密度的原因。事实上，水分子以液态形式移动，但在固态冰形成的是晶体结构。氢键也存在于蛋白质和核酸，并作为一种主要作用力使得碱基对 DNA 形成双螺旋结构。这种键是我们的生态系统平衡的基础。没有它，水将具有非常不同的物理特性，我们所知道的当前在这个星球上的生命形式是不可能存在的。

2.3 生产

如前所述，氢气必须从其他氢化合物来制取。其中的一些过程虽已成熟并可应用于产业中，而另一些技术仍处于发展期：

1）综合技术：烃类水蒸气重整、固体气化燃料和水分解电解；

2）替代方法：在高温下热化学分解水、光生物反应、生物质转化、金属氢化物制氢等。

2.3.1 蒸汽重整

烃类蒸汽重整（SMR）普遍应用于氢气的工业过程中。在高温与催化剂的作用下，甲烷（CH_4）转化为氢气的吸热重整反应：

$$CH_4 + H_2O + 热 \longrightarrow CO + 3H_2 \qquad (2.1)$$

随后的放热反应：

$$CO + H_2O \longrightarrow H_2 + CO_2 + 热 \qquad (2.2)$$

这两个反应可以再合并为吸热反应：

$$CH_4 + 2H_2O \longrightarrow CO_2 + 4H_2 \qquad (2.3)$$

通常供热分别来源于反应起始阶段的燃料燃烧和最终产物的燃烧。整个反应过程的效率定义为制氢所存储的能量与甲烷贮存能量的比率。这个数值在 60% ~ 85% 之间变动，如果消耗的热能够回收，才能获得最高性能。蒸汽重整设备通常复杂、体积庞大，实际上通常它们按照 $105Nm^3/h$ 的产率建造。蒸汽重整过程生产的合成气体包含氢气和多种污染物以及 CO_2。正是由于这个原因，需要通过后续处理来排除污染物，分离 CO_2 以获得高纯度的氢气。

蒸汽重整工艺包含以下步骤：

1）原料纯化：利用 Mo 和 Co 的氧化物催化除掉硫和卤素。

2）预重整：低温初始重整是为了减少重整装置的尺寸、预处理重烃。只有甲烷和一氧化碳能够在最终产物中存在。

3）重整：气体和水蒸气通过加热器里面内置的装有镍基催化剂的管道。加热器内的反应是吸热反应，热量由辐射或者炉子提供。这个过程在 3MPa 压力和 850 ~ 1000℃ 温度下进行。

4）高温变换：利用铁和铬的氧化物催化剂在 350℃ 将 CO 转换为 CO_2 的过程。

5）低温变换：利用铜基催化剂在 200℃ 将 CO 转换为 CO_2 的过程。

2.3.2 固体燃料汽化

固体燃料汽化过程需要煤炭在水蒸气中的汽化，产物即所谓的"水煤气"。完整反应：

$$C + H_2O + 热 \longrightarrow CO_2 + 2H_2 \qquad (2.4)$$

与沼气的蒸汽重整相比，合成的水煤气包含了更多的污染物和 CO_2。因此，必须设置后续处理车间，但是这些车间建造起来可能比较复杂而且昂贵。而且从环境影响角度来看，尽管我们能从廉洁而丰富的煤炭汽化中获得氢气这样的清洁能源，但也产生了影响气候的 CO_2。实际上，考虑到从初始煤炭汽化到氢气燃烧相关的所有化学反应过程，所产生的 CO_2 的量与单纯燃烧煤的量相等。事实上，这种现象普遍存在于碳氢化合物转化氢能的过程中。减少全局 CO_2 排放只有尽可能采用无碳燃料的有效能量转化方法，比如燃料电池。但是，蒸汽重整车间和煤炭汽化过程的贡献在于致使 CO_2 的隔离更加简单和可行。

2.3.3　部分氧化

通过部分氧化反应从原油残渣和重碳氢化合物中获取氢气也是有可能的，如以下反应：

$$CH_4 + 0.3H_2O + 0.4O_2 + 热 \longrightarrow 0.9CO + 0.1CO_2 + H_2 \tag{2.5}$$

在这个反应中，所需的热量直接来自反应开始时燃料与氧气的部分燃烧。在较小的车间中，尽管它必须使用纯氧且能量转换效率较低，但上述特征再加上催化剂几乎不减少的特点，使得整个过程比起蒸汽重整要更有优势。

2.3.4　电解水

电解水是指用电将水分解制备氢气和氧气的过程，因此它也是将电能转化为化学能的过程。水的电解使获取高纯度的氢气和氧气成为了可能，而这在工业上尤为重要。该主题在下章中将有更深入的介绍。

2.3.5　热裂解

氢气也能从碳氢化合物热裂解中获取。该过程使用等离子燃烧器在 1600℃ 附近把氢原子和碳原子从碳氢化合物中分离出来，反应如下：

$$CH_4 \longrightarrow C + 2H_2 \tag{2.6}$$

反应直接生成氢气分子，由于仅使用电能和冷水来控制温度，使得纯氢气生成的同时不释放 CO_2 气体。该过程的效率一般在 45% 左右。

在其他的热裂解反应中，化学反应过程是相同的。但在非常高的温度下，氢气分子要分解而不产生水蒸气。需要的热量（约 8.9kcal$^{\ominus}$/mol）由沼气燃烧提供，也可以用该过程中产生的氢气燃烧提供，从而减少 CO_2 的排放。由于传统的催化剂容易被碳残渣降解掉，因此主要的技术难题是为反应寻找适合的催化剂。该过程的效率通常是沼气的蒸汽重整反应的 70% 左右。

　⊖　1kcal = 4186.8J。

2.3.6　氨裂解

由于氨气能经过裂解产生氢气和氮气，所以也是氢的理想载体。氨气裂解反应：

$$2NH_3 \longrightarrow N_2 + 3H_2 \tag{2.7}$$

氨气通过水、沼气和水蒸气的化学反应来获得。然后水与二氧化碳及其他硫化物被一起除去，以得到纯净氢气和氮气的混合体系，这种混合气体不会腐蚀反应过程中使用的催化剂。反应生成的气体冷却后得到液氨，即可在10atm常温下或者在常压冷却至其低于沸点（240K）下储存和运输。

氨气易于运输和储存，这也提供了一种运输和储存氢气的简便方法。唯一不足是，即使痕量的氨气也能给燃料电池带来问题，因为它能形成含碳化合物而阻塞电极，弱化燃料电池的反应和性能。

2.3.7　其他体系：光化学、光生物学、半导体及它们的组合

太阳光与以下系统相互作用也可以产生氢气：

1）光化学系统；

2）光生物学系统；

3）半导体；

4）上述系统的组合。

在光化学系统中，太阳光被溶液中的分子吸收（水是常用的溶剂）。由于水会过滤掉阳光中的一大部分辐射，感光材料（半导体或者某种感光分子）必须用来吸收携有大量能量的光子以产生氢气。感光材料吸收一个光子并通过催化剂上的（简化的）反应产生一个自由电子：

$$H_2O + 能量 \longrightarrow H_2 + \frac{1}{2}O_2 \tag{2.8}$$

但是这种系统有一个严重的缺点，即共生产物 H_2 和 O_2 的混合能造成潜在的安全隐患。尽管如此，该系统的效率却能高达10%以上。

在光生物学系统中，光与叶绿体或者海藻中能促进产氢的酶相互作用产生氢气。这种自然的系统是地球上最早的生物系统之一。如植物通过光合作用、克雷布斯（Krebs）循环等的生物化学循环从阳光辐射中获取能量以将 CO_2 转化为有机化合物，特别是糖类。虽然转化效率仅为2%，但对于植物的生长和繁荣所需的能量来说，整个叶子表面积已经足够大了。光合作用的产氢过程可以通过改善微生物的运行条件来改善，微生物包括微型海藻、蓝藻细菌和铁氧化还原蛋白、细胞色素等。通常该过程中能量是通过 CO_2 转化为碳氢化合物来储存的。在缺

氧环境下，微生物会合成并激活氢化酶，它能在光照下以相当高的效率（即12%）产生氢气和氧气。这个反应能引入电子施主（D）或受主（A）提供给氢化酶，反应如下：

$$H_2 + A_{ox} \longrightarrow 2H^+ + A_{red} \qquad (2.9)$$

$$2H^+ + D_{red} \longrightarrow H_2 + D_{ox} \qquad (2.10)$$

这种类型的系统拥有许多潜在的优点，比如自动组装和排列的能力。然而，这样产生的氢是有限的，且工业实用性上也仍待斟酌。也因为生物组织必须在小心设计的理想的微型气候中工作，所以活体生物的应用比较困难。目前的趋势是应用基因工程技术来修饰生物组织以改善其长期稳定性，提高能量转化效率，使之能在正常环境甚至极端环境中应用。

太阳能制氢也能通过光降解氧化基底来获取。例如，以下在污染的基底上的反应：

$$CH_3COOH(aq) + O_2 \longrightarrow 2CO_2 + 2H_2 \qquad (2.11)$$

上式是放热反应，污染物的氧化反应既产生了氢气，又降解了潜在的有害物。

在半导体中，光子被悬浮在溶液中的半导体小颗粒吸收。

上述所有系统的组合仍在活跃的研究发展阶段。比如说，将半导体与有机系统结合起来即可改善材料对长波长光子的响应，而半导体不能单独捕获这些波段的光子。

2.4　用法

氢气是一种多功能的能量载体，可以通过数种不同的途径释放能量：

1）直接燃烧；

2）催化燃烧；

3）蒸汽产物；

4）燃料电池。

2.4.1　直接燃烧

将氢气和氧气以适当的比例混合，加上一个点火器即可释放热能直至其中一个消耗完毕：

$$H_2 + \frac{1}{2}O_2 \longrightarrow H_2O + 热 \qquad (2.12)$$

氢气和氧气的燃烧是航天器推进的传统方法，而在化学工业和制造业中则常用氢气和空气来燃烧。直接燃烧有很多的优点，首先是氢气的高度可燃性允许该燃料可以与其他气体混合，并显著降低火焰最高温度；其次是氢气能取代内燃机中的传统燃料；氢气的高速火焰可以为内燃机的高转速系统提供支持；另外，与化石燃料燃烧相比，氢气燃烧很少释放（甚至不释放）如碳氧化物（CO_x）、颗粒物[⊖]、硫氧化物（SO_x，致癌物质）和氮氧化物（NO_x，有刺激性但无毒）等污染物。

从热物理角度看，氢气经常被拿来与沼气（CH_4）作对比。由于燃烧沼气不会释放 SO_x 或颗粒，且沼气中 C/H 比低导致燃烧产生的 CO、CO_2 和 HC 较少，因此使用沼气的确是向减少化石燃料污染物的道路上迈出了一步。但是它仍然没有达到零排放标准。氢气燃料中没有 C 和 S 元素，因此在燃烧过程中绝不会产生 CO、CO_2、HC、颗粒和 SO_x，只会释放少量的 NO_x。表 2.2 中列出了在产能方面这两种气体的一些最重要的物理性质对比。

两种气体在原子尺度方面较大的差别导致了难以在传输沼气的管道和配送网中使用氢气。事实上氢气非常容易通过管接头，造成穿透细孔甚至破坏材料。现存的沼气管道因而不能直接用来传输氢气。表 2.2 也表明了氢气的沸点、临界点和密度都低于沼气，因而增加了其储存、传输和安全管理的难度。

氢气单位质量的低热值[⊖]比沼气高，但单位体积的低热值比沼气低。氢气密度非常低，因此减少了单位体积的能量密度，但是单位质量的储能非常高。

氢气的可燃极限[⊖]为 4% ~ 75%，爆炸极限则缩为 15% ~ 59%。较宽的可燃极限一方面表明了贫氢的混气可以燃烧，氮氧化物副产物可以最少化，并且火焰温度可调；另一方面导致氢气可以在极低的空气百分比下点着（比如空气渗入了氢气管道中），具有较高的安全隐患。

如此来说，从安全角度看氢气可能是一种最不被看好的燃料，但是现实中汽油和柴油的可燃等级更低故而只有小部分能有效燃烧。因为氢气的自动着火点是 585℃，汽油的为 228 ~ 501℃，所以在自动着火点以下，氢气比汽油更不易燃烧。氢是所有化学元素中最轻的，它能够向开放空间迅速扩散。如果在非封闭的空间中，它几乎不可能自燃。当它燃烧的时候，氢气迅速消耗，并产生高方向性

⊖ 颗粒物（PM）是一种悬浮在空气或液体中细小固体物质的复杂混合物。这些颗粒通过其直径来分类，直径小于 $10\mu m$（PM_{10}）的颗粒被定义为可吸入颗粒物；直径小于 $2.5\mu m$（$PM_{2.5}$）的颗粒称为可入肺颗粒物，它们可进入肺泡，引起癌变或永久性肺病。

⊖ 燃料燃烧中生成水时，如果水按照水蒸气算，结果就是低热值；如果按照冷凝水算，就是高热值。——译者注

⊖ 可燃极限是指在火花中能点燃的混合气体中该气体体积分数的范围值。

的火焰，这能通过其长波热辐射来表征，且因为不含碳，火焰颜色非常苍白，同时也不产生炭黑。在白天光亮时几乎观察不出火焰，在黑暗时若不是热辐射，其火焰也是看不到的。

表2.2　氢气、沼气和汽油的物理性质对比

	氢气	沼气	汽油
摩尔质量/(g/mol)	2	16	
密度/(kg/m³)	0.08	0.7	
标准密度/(kg/Nm³)	表2.1	0.651	
沸点/K	表2.1	111.7	
临界点/K	表2.1	190.6	
比热/(kJ/kg K)	表2.1	2.26	
低热值/(MJ/kg)	110.9	50.7	44.5
低热值/(MJ/Nm³)	10.1	37.8	
室温下最小点火能/mJ	0.02	0.29	0.24
可燃极限（体积分数）（%）	4~75	5.3~15	1.0~7.6
爆炸极限（体积分数）（%）	13~65	6.3~13.5	1.1~3.3
自动着火点/℃	585	540	228~501
火焰温度/℃	2045	1875	2200
空气中扩散系数/(cm²/s)	0.61	0.16	0.05
化学计量火焰速度/(m/s)	2.37	0.43	
爆炸能量/(kg TNT/m³)	2.02	7.03	44.24
空气中爆轰速度/(km/s)	2	1.8	

根据格雷姆扩散定律，氢气能够迅速扩散到周围的环境中[⊖]；相反地，若汽油、液化石油气和天然气等比空气重的燃料在空气中不能及时扩散，则有更大的危险。一个例子是汽车上汽油泄漏，燃烧能持续20~30min，而氢气泄漏燃烧不会超过1~2min。氢气火焰热辐射低意味着它只能点着附近直接接触的物体，在减短了燃烧时间的同时也降低了有毒气体泄漏的危险。不像化石燃料，氢气不具有毒性和腐蚀性，即使从油箱中泄漏也不会污染土壤和地下水源。

因为氢气的电导率低，所以很小的静电就能产生电火花并引燃氢氧混合气。与其他碳氢化合物燃烧时释放热和可见光不同，氢气火焰释放更少的热，且由于释放紫外光而实际上是不可见的。除非直接接触，否则几乎探测不到它的火焰和

⊖　根据格雷姆扩散定律，气体扩散速率反比于分子质量的二次方根。比如，氢分子比氧分子扩散快4倍。

泄漏，这就造成了氢气管理上的巨大安全风险。因而对氢气站的安全监测来说，泄漏探测系统就极其重要。目前，为了探测泄漏，这些系统使用了吸收氢气时光学性质会改变的薄膜，或者接触到瓦斯能改变电阻的钯。一家杰出的欧洲汽车制造商为其氢能汽车原型开发的探测器，能在空气中氢气浓度超过安全值（4%）时自动打开车窗和车顶。其他被氢气探测系统采用的标准（且不管它们的敏感度和精确度）是警戒反应时间、退化抗性和长期可靠性。

2.4.2　催化燃烧

氢气也能在催化剂存在下燃烧，催化剂通常为多孔结构的，它能降低反应温度。然而，相比传统方法，催化燃烧需要更高的反应表面。由于低温不产生NO_x，故唯一的副产物为水蒸气。由于气体排放很少，该过程因此被认为是清洁的。反应速率能够通过调整氢气流速而控制。由于反应不产生火焰，因此催化燃烧本质上是非常安全的。

2.4.3　直接燃烧蒸汽法

氢气和氧气的燃烧产生的火焰的温度高达3000℃并产生水蒸气，因此需要注入更多的水来维持所需的温度，形成饱和的过热水蒸气，因为蒸汽不损失热能，所以它的效率接近100%。蒸汽能用于涡轮机、工厂设备以及城市设施。

2.4.4　燃料电池

电解水的逆反应是氢气与氧气结合生成水的反应。该过程释放将水分解成单质所耗的部分能量，这个过程发生在燃料电池里面，后面将进行详细讨论。

2.5　退化现象和材料兼容性

在利用氢气的物理和化学性能时，需要仔细选择和制备材料及部件，因而导致了氢气的输气管道和相关设备的构建相比其他气体更为复杂。主要原因是氢气能导致与其接触的材料发生退化，还有就是氢气分子极其小的尺度使之存在较大的储存问题。

2.5.1　材料退化

当与氢气直接接触时，材料的机械性能会发生退化，这种现象叫做氢脆（HE）。它的原因应归于氢分子在材料的金属点阵中的渗透。氢气是能高度扩散的而且倾向于攻击材料缺陷，即所谓的陷阱，它们一般位于诸如位错、填隙、杂质、晶界、面缺陷和微孔隙等结构缺陷中。处于陷阱中的氢原子具有比材料点阵原子更低的势能。当包含在陷阱中的氢原子不与材料点阵反应时，陷阱称为可逆陷阱，即不会影响结构的机械性能和物理性质。通常，陷阱中的氢原子会与结构中的原子或与其他氢原子生成导致退化的物质。位错能影响氢的运动，驱使其从可逆陷阱跑到不可逆陷阱。比如，氢脆会出现于起机械加固作用的钢筋中，或者具有塑性变形导致的表面缺陷的金属表面。硫存在时也会导致退化，因为硫很容易将氢分子分解成原子。

氢脆的出现也取决于其他因素，比如温度、压强、氢气密度、氢暴露时间、抗拉强度和金属纯度，与材料的微结构和表面状况也有关。

下面与氢脆相关的现象已被观测到：

1）氢脆在常温下发生，而当温度超过 100℃时可以忽略；

2）氢气的纯度和氢脆现象之间是正相关的；

3）氢气分压越高（一般在 20～100bar 之间），越可能导致氢脆的出现；

4）机械应力越大，氢脆越有可能发生在吸收应力的点上。

与腐蚀不同，暴露在氢气环境中对氢脆现象影响并不大，因为导致氢脆的临界浓度很低。

氢脆导致的退化效应能引起氢气泄漏，并引起更多的如火灾、爆炸以及存储结构、测量仪器破碎等风险。现在唯一能避免氢脆的方法是选择适合的材料，小心地管理设备。

当温度达到 200℃时，很多的钢合金[⊖]会因为氢的存在而遭受其他种类的退化，称为氢蚀，它指钢筋中的氢和碳化合物发生反应带来的材料退化。这种反应会释放副产物甲烷。该现象能形成降低钢铁强度的微空穴。当温度和压强上升时，损害会变得更加严重，因为这导致了氢在管道和相关配件的钢铁材料中扩散得更远。为防止退化，有必要使用含有稳定的碳化合物的钢铁，特别是富铬、钼的化合物更佳，它们减少了氢-碳的反应。

2.5.2 材料选择

氢脆和氢蚀的负作用能通过选择适当的能抗退化的材料来减缓。显然地，材

⊖ 一种合金成分加入钢中用以改善机械性能（比如硬度或韧性），增强耐腐蚀性。合金成分的属性及用量逐渐增加熔合的难度。合金钢容纳的合金成分含量可高至总体的 50%，仍可认为是合金钢。为了更好地归类种类繁多的合金成分，含量不大于 4%～5% 的称为低合金钢，有一种成分大于上述值的称为高合金钢。

料的选择应基于应用的环境。例如，长达数公里的氢气管道需要的材料应取决于它的不同结构，才能保证在固定压强和温度下储存氢气。

金属材料像铝及其合金、铜及其合金（黄铜、青铜、白铜）、奥氏体不锈钢⊖（如 304、304L、308、316、321、347）已经被证明只发生轻微的氢脆和氢蚀现象，因此被欧洲工业气体协会认定适用于液态氢、氢气的输运。其他含碳的钢，如 API5LX52 和 ASTM106 B 级也适合上述应用。相反地，其他材料如铁等由于退化现象严重而不可能用于上述应用。

Teflon™ 和 Kel-F™ 等材料也能用于液态氢和氢气的输运，而 Neoprene™、Dacron™、Mylar™、Nylon™ 和 Buna-F™ 只能用于气态氢的输运。

2.6　配件：管道、接头和阀门

因为氢分子的尺寸非常小，很难构建有效防止氢气泄漏的传输管道，所以选择适合的配件相当重要。

使用含有表面缺陷或者不相容的材料构建的管道会给氢气提供直接逃逸或者在一段时间以后逃逸的路径。当管道直径增大时，这些问题变得更加突出，因为这也增加了划痕、裂痕和杂质等瑕疵出现的概率，增加了氢渗透和脆化的风险。

管道厚度也应该仔细估算以确保其完美的储存功能，因为特别是在接头处厚的管壁比薄的更有抵抗性。薄的管壁在接头处会承受更大的损害风险。

有三种方法来连接管道两端：焊接、法兰连接和螺纹连接。焊接具有最好的封闭效果，但在将来可能需要拆卸管道的情形下，锥形和柱形螺纹连接则成了最合适的方法。然而，螺纹连接有时会有密封问题，若不考虑焊接，则法兰连接就更适合。常用于氢气管道的接头是压力接头（由螺栓、螺母、金属前箍和后箍组成），它能提供完美的密封性。

2.7　传输

氢气常以气态或液态的方式传输。传输和储存是相互紧密联系的两大问题，它们都与气体的最终使用、气体质量和传输距离有关。

⊖ 奥氏体不锈钢是铁的金属非磁性同素异形体，其合金成分为含量不一的 C、Ni 和 Cr，呈奥氏体型或者面心立方结构，面心立方在立方的顶角和面内有阵点。

　　储存压缩氢气的气体储存罐，应选择能在超过20MPa气压下抗氢脆的材料。它的传输距离通常很短，可以用卡车、列车或短管道来运送。液化氢气则更适合用绝热的球形容器来运输，保证拥有最大的体积/接触表面积比以把蒸发效率降至1.1%以下。这种方法适合于陆地或海上的长距离运输，以分摊过高的运行成本。对于在管道中的运输，尽管在技术上输气管能覆盖长距离（约100km），但通常构建更短的管道，它们大多位于需要使用氢气的地方。

　　考虑氢气质量和传输距离的因素，原则上的适宜传输方法见表2.3。

表2.3　氢气传输方法选择

		距离	
		短	长
质量	低	压缩气体	液态
	高	压缩气体/液态	输气管道

　　如果传输距离短且质量要求低，在筒状缸中运送压缩氢气是技术上和经济上最可行的方法。如果距离增加，应用海运液态氢替换运送压缩氢气。反之亦然，如果距离不变而质量要求增加，使用气管运送氢气或液氢则是最佳选择。如果质量要求高而且传输距离远，管道将是最方便的方法，因为较高的初期成本可以在以后相对较低的运行成本得到补偿。此外，当前研究显示对于长于1000km的管道，经济上输送氢气比输送电力更节约。

　　为了估计氢气输送的风险，我们应该牢记自19世纪以来氢气和一氧化碳混合物已广泛使用于欧洲和美国，但没有发生大的事故。实际上，普遍认为一氧化碳比氢气更加危险，因为一氧化碳有毒。在法国氢气网络传输距离为170km，而欧洲安装好的氢气传输管道总长度超过1500km，北美则超过700km。

　　输送氢气与输送甲烷两者之间存在着很大的不同。对于同样的质量，氢气所含的能量比甲烷的高2~3倍。由于管道运输速度正比于$\dfrac{1}{\sqrt{m}}$（m为摩尔质量），氢气的传输速度比甲烷快3倍。

　　总而言之，考虑到构建、维护和管理氢气输送系统中的众多挑战，对许多应用来说采用一个独立的氢气系统可能是一个适合的选择。它甚至可能在现有化石能源经济转向氢经济的初始阶段中，成为现实的启动发展模型。对许多固定的和非固定的使用来说，使用自生氢能可能比从供应商购买氢能更加经济。

参 考 文 献

1. Agbossou K, Chahine R, Hamelin J et al (2001) Renewable energy systems based on hydrogen for remote applications. Journal of Power Sources 96:168–172
2. Blarke M B, Lund H (2008) The effectiveness of storage and relocation options in renewable energy systems. Renewable Energy 7 (33):1499–1507
3. Cox K E, Williamson K D (1977) Hydrogen: its technology and implications. (1) CRC Press, Cleveland
4. Keith G, Leighty W (2009) Transmitting 4000 MW of new windpower from N. Dakota to Chicago: new HVDC electric lines or hydrogen pipeline. Proc. 14th World Hydrogen Energy Conference, Montreal, Canada
5. Ledjeff K (1990) New hydrogen appliances in Veziroğlu T N and Takahashi P K (Eds.) Hydrogen Energy Progress, VIII, vol. 3. Pergamon Press, New York, pp. 429–444
6. Ross D K (2006) Hydrogen storage: The major technological barrier to the development of hydrogen fuel cell cars. Vacuum 10 (80):1084–1089
7. Züttel A (2003) Materials for hydrogen storage. Materials today, September: 24–33

第3章 电解槽和燃料电池

尽管氢是宇宙中最常见的元素之一，但是在我们的星球上，氢作为单独分子的存在仍然十分稀少。大部分时候，氢与其他元素或者分子组成了如水、碳水化合物、烃类和 DNA 等物质。氢气制备通常来说并不容易，因为它需要一定的能量来打破氢与其他元素形成的化学键。电解水是一种利用电能将水分解成氢气和氧气的方法，而为了重新获得储藏在氢气分子中的化学能，氢气和氧气需要在燃料电池中通过反应放出能量，并生成水。这个过程恰恰与电解水反应相反。作为太阳能制氢的能量转换、储存及利用系统的两个基本组成部分，这一章主要讨论发生在电解槽和燃料电池中的这两个基本反应过程。

3.1 引言

要实现氢气作为能源的目标，首要任务是获得能够储存的氢气，这需要集成一系列具有不同功能的技术来协同完成这个任务。

电解水反应可以用来产氢[⊖]，利用电能在电解槽设备中将水分解成氢气和氧气。而将氢气和氧气重新结合起来，将化学能转化成电能的设备称为燃料电池。发生在燃料电池中的反应与发生在电解槽中的反应相同但是方向相反。

迈克尔·法拉第（Michael Faraday）是系统的研究电解过程的先驱者之一，在 1832 年，他给出了电解过程中的两个基本定律：

1）电解过程中的产物生成量与通过电解槽的电荷量成正比；

2）当电解过程中通过的电荷量一定时，电解的产物质量与该元素的化学当量[⊖]成比例。

电解槽和燃料电池的运行都遵循这两个基本定律。

⊖ 这里的产氢不是指氢气的生成反应，而是指氢气以最简单的形式（原子或分子）从混合物中分离开来的过程，和工业生产过程中的产氢含义保持一致。

⊖ 在化学中，当量或者等效质量是指在氧化还原反应中产生或者消耗 1mol 电子，或者分解产生 1mol H^+ 离子，又或者是在酸碱反应中提供 1mol OH^- 所消耗的物质的质量，它是物质的摩尔质量与它的化合价之比，1 摩尔原子中所含的原子数为 12g C^{12} 中含有的原子数目，大小等于 6.022×10^{23}（阿伏伽德罗常数）。

3.2　化学动力学

普通的化学反应通常可以用如下的方程来描述：

$$jA + kB \longrightarrow lC + mD \qquad (3.1)$$

式中，A、B、C 和 D 是表面参与反应的物质；j、k、l 和 m 是各自的化学计量系数。特定温度下达到平衡时，通过质量作用定律［古德贝格（Guldberg）和瓦格（Waage）］可以得到反应的速率常数 K：

$$K = \frac{a_C^l a_D^m}{a_A^j a_B^k} \qquad (3.2)$$

式中，a_i 是反应物 i 的活度，通过计算平衡时溶液中的物质浓度或者气体分压得出。活度可以如下表示：

$$a_i = \frac{p_{i,eq}}{p_{stc}} \qquad (3.3)$$

式中，$p_{i,eq}$ 是反应物 i 在平衡时的分压；p_{stc} 是标准条件⊖下反应物在平衡时的分压。

在电化学反应过程中，发生反应的电池中的电动势 E 由能斯特方程（Nernst's Equation）给出：

$$E = E^0 - \frac{RT}{zF} \log Q \qquad (3.4)$$

式中，Q 是反应商数；E^0 是标准条件下的电池电动势；R 是标准气体常数；z 是参与电化学反应的电子数目，F 是法拉第常数（Faraday's Constant）。

根据勒夏特列原理（Le Chatelier's Principle），任何反应化学系统都会对外界条件的改变做出响应来减小外界条件改变的影响。因此，当反应系统存在扰动时，平衡将会被打破，反应会朝着产物或者反应物的方向进行。在平衡时，反应商数 Q 等于反应速率常数 K。

3.3　热力学

化学反应中的焓变 ΔH 的定义是指生成产物的焓的总和与反应物焓的总和的差值：

⊖　标准条件是指环境压力为 0.1MPa，温度为 25℃ 的条件，对于化学反应而言，其标准状态是指其处在标准条件下进行反应。

$$\Delta H = \sum H_{f,products} - \sum H_{f,reactants} \tag{3.5}$$

对于一个放热的化学反应而言，热量被释放到外部的环境中，这种情况下反应的焓变为负值，反过来如果焓变为正值，则表示反应是吸热的，并且该反应只有在能够从外部环境吸收能量的情况下才能发生。

焓变中的能量需要减掉产生温度 T 和熵 S 的部分，剩下的能量才可以被用来有效利用。由此产生的状态方程称为吉布斯自由能（Gibbs Free Energy）方程，此方程的重要性不言而喻，因为它表明了在自然界中这些转变通常在恒定的压力和温度下进行，而不是固定的体积下进行。它的表达式如下：

$$G = H - TS \tag{3.6}$$

吉布斯自由能方程决定了化学反应能够自发进行时需要的温度，仅当自发反应的吉布斯自由能为负时，反应才能够自发进行，吉布斯自由能的微分形式由下式给出：

$$dG = dH - TdS - SdT \tag{3.7}$$

当温度 T 恒定时：

$$dG = dH - TdS \tag{3.8}$$

$$dH = dU + pdV + Vdp \tag{3.9}$$

式中，U 是内能；p 和 V 分别是压强和体积。

当压强 p 恒定时：

$$dG = dU + pdV - TdS \tag{3.10}$$

如果热力学转换在两个无限接近的平衡态之间发生，那么热力学第一定律可以由下式进行描述[⊖]：

$$dU = \delta Q - \delta L \tag{3.11}$$

由此可以得出

$$dG = \delta Q - \delta L + pdV - TdS \tag{3.12}$$

在可逆的交换过程中，$\delta Q = TdS$，上式可以化简为

$$dG = -(\delta L - pdV) \tag{3.13}$$

基于以上考虑，在电化学电池中所做的功并没有损失，因为体积的改变同样可以被转化为电能。在可逆转变过程中，功的计算是在视吉布斯自由能的变化为理想过程的前提下进行的。

水分解化学反应与水生成化学反应过程中除了反应的方向相反，涉及的元素

⊖ 由于内能是一个精确的差值，只取决于反应的终态和始态，而传热 Q 和做功 W 均不是状态方程，它们的大小取决于反应的循环次数，基于这个原因考虑，使用符号 δ 来代替微分符号 d，表明它并不是精确的差值，而是热和功的和。

相同。同样的，除了符号相反，这两个反应的热力学过程同样相同。

3.4　电极动力学

发生在电解槽中的电极上的动力学过程取决于电池所使用的技术、结构和几何布局，以及使用的电解质的类型和其他能够降低转化效率的因素。效率的降低称为极化（过电动势或过电压），它反映电池工作时电动势的变化。

在阳极和阴极上均可以观察到极化的现象，根据反应方向的不同，极化会增加或者降低发生氧化反应的阳极的电压，并降低或者增加发生还原反应的阴极的电压，基于这个原因考虑，极化趋向于增加电解过程中需要的外加电压，或者降低燃料电池的输出电压。

3.4.1　活化极化

化学反应的进行需要满足活化能的要求，活化能是指反应进行所需要的最小能量。活化极化电压 η_{act} 表示在电解电池中进行反应时需要在两电极间加的最小电压。在电化学反应中这个电压的大小在 $50 \sim 100mV$ 之间。

η_{act} 由塔菲（Tafel）方程给出：

$$\eta_{act} = \frac{RT}{\alpha zF} \log \frac{i_0}{i} \tag{3.14}$$

式中，α 是电荷传递系数（Charge Transfer Coefficient）；i_0 是交换电流密度；i 是通过电极表面的电流密度。电荷传递系数取决于电子和催化剂之间的反应机制，它的值通常在 $0 \sim 1$ 之间。

在相关文献中，通常使用一些半经验公式来计算交换电流，如下式：

$$i_{0,anode} = 5.5 \times 10^8 \left(\frac{p_{H_2}}{p_0}\right)\left(\frac{p_{H_2O}}{p_0}\right)\exp\left(\frac{-100 \times 10^5}{RT}\right) \tag{3.15}$$

$$i_{0,cathode} = 7 \times 10^8 \left(\frac{p_{O_2}}{p_0}\right)^{0.25}\exp\left(\frac{-120 \times 10^3}{RT}\right) \tag{3.16}$$

式中，p_0 是标准条件下的压力；p_{H_2} 和 p_{O_2} 分别是氢气和氧气的分压。

3.4.2　欧姆极化

欧姆损耗是由电子在电极材料中流动时的电阻以及在电解液中离子流动的电阻两部分组成。由于大部分的欧姆损耗是由电解液的电阻造成，因此可以通过缩短两个电极之间的距离来减小电极间电解液厚度以降低欧姆损耗。由欧姆极化造成的损耗由下式给出：

$$\eta_{\text{ohm}} = IR \qquad (3.17)$$

式中，I 是电池中的电流；R 是整个电池的电阻。

3.4.3　浓差极化

在电池的反应物入口处和产物出口处的物质输运速度如果维持不了工作时的电流密度，那么质量传输现象便会降低设备的工作运行性能。

浓差极化（Concentration Polarisation）发生在高电流密度的情况下，它是由于电解液中反应物的扩散速度很慢，导致电解液中出现了很高的浓度梯度，而电压的改变仍然遵循没有极化发生的理想情况，导致极化的出现。

根据菲克第一定律⊖，扩散输运过程可以由下式描述：

$$i = \frac{nFD(C_{\text{B}} - C_{\text{S}})}{\delta} \qquad (3.18)$$

式中，D 是反应物扩散系数；C_{B} 是电解质内反应物浓度；C_{S} 是电极表面的反应物浓度；δ 是扩散层的厚度。当电极表面反应物浓度 C_{S} 为零时，扩散速率 i_{L} 达到最大值；当反应物入口处的浓度非常低时，扩散速率可以达到最大值。

将式（3.18）做一些简单的变换得到下式：

$$\frac{C_{\text{S}}}{C_{\text{B}}} = 1 - \frac{i}{i_{\text{L}}} \qquad (3.19)$$

根据平衡时的能斯特（Nernst）方程（此时电池内没有电流）有

$$E_{i=0} = E_0 + \frac{RT}{nF}\log C_{\text{B}} \qquad (3.20)$$

对于非平衡值而言（电流非零），能斯特方程变为

$$E = E_0 + \frac{RT}{nF}\log C_{\text{S}} \qquad (3.21)$$

从上述方程可以得出由于浓度的改变而导致的电极上电压的变化为

$$\eta_{\text{conc}} = \Delta E = \frac{RT}{nF}\log\left(\frac{C_{\text{S}}}{C_{\text{B}}}\right) = \frac{RT}{nF}\log\left(1 - \frac{i}{i_{\text{L}}}\right) \qquad (3.22)$$

3.4.4　反应极化

反应极化（Reaction Polarisation）发生在电池内的化学反应产生了新的化学

⊖　菲克第一定律（Fick's First Law）描述分子由高浓度区域向低浓度区域扩散的现象，扩散通量 $J = -D\nabla\phi$。式中，D 是扩散系数，取决于扩散的分子尺寸、温度和扩散速率；ϕ 是浓度梯度。菲克第二定律（Fick's Second Law）表示分子的扩散随时间的变化关系，$\frac{\partial \phi}{\partial t} = D\nabla^2\phi$。

物质或者反应的平衡被打破的情况下。在电池运行过程中，反应物浓度降低，产物浓度增加，从而导致转化率降低。以水的生成反应为例，在反应过程中溶液本身被稀释，电极周围的电解质浓度发生了改变。

3.4.5　转移极化

转移极化是由电极材料本身所决定的，将驱动电流流过电极之间所需要的过电动势称为转移极化，可以用如下的一个经验公式来进行描述：

$$U = a + b\log i \tag{3.23}$$

式中，a、b 是通过实验所测得的系数。

3.4.6　输运现象

在电解质溶液中发生的不可逆的能量损耗是由输运现象中的热、质量和电荷交换造成的。其他类型的损耗是由电极表面发生的反应速率不够迅速所造成的。

由于输运现象而导致电化学反应器存在各向异性，因此可采取的数学模型需要将电化学反应器作为一个服从热、质量和电荷守恒的整体来考虑（块状模型）。这种近似是可取的并且不会产生明显的错误，因为性能的研究是从整个系统考虑的。

3.4.7　温度和压力对极化损耗的影响

温度升高能够提高电池的导电性，降低欧姆极化引起的损耗。还能提高化学反应动力学，降低活化极化引起的损耗。但是与此同时，高温也会带来负面影响。温度过高不仅可能会引起电解质的劣化和腐蚀，而且造成催化剂的烧结和结晶问题。

在电池反应物入口处增加压力会导致反应物分压的增加，从而引起电解液中气体的溶解度的增加，促进了物质的输运。但是，压力的增加同样对设备材料提出了更高的要求。

如果电池设备的性能提升需要热力系统和压力系统的辅助，由此带来的额外能量消耗会导致整个电池系统转换效率的降低，因此在系统设计中需要更加小心地去考虑成本与效益之间的比例来优化整个设计。

3.5　电池的能量和效用能

设定电化学反应中的压力和温度为恒定值，最大可获得功（燃料电池）或最小输入功（电解槽）应等于吉布斯（Gibbs）自由能 ΔG 的变化。在理想的电池中，这个可逆功应当完全等于电功，即如下的方程：

$$W_{el} = \Delta G \qquad (3.24)$$

依照惯例，在电解槽中输入功为正值，在燃料电池中获得功为负值。

根据热力学第一定律，所有的能量都是等价的，第一原则效率（The First Principle Efficiency）的定义为从系统中获得能量与提供给系统的能量之间的比值。通常来说，这也是能量系统的效率系数的计算方式，从系统输出的能量和输入系统的能量应当是等价的，但并不是能量的所有性质都是等价的，比如动能转化成热能只有在该环境也处在该温度下才能被完全利用，动能在低温下比热能更加容易利用，因此这两种类型的能量在质量上是不同的。

基于上述原因，效用能（Exergy）可以被认为是当 $T > T_a$ 时，我们能够从热源中获得的最大功，其中 T_a 是环境温度。也可以被认为是在 $T < T_a$ 时，能够使一部分热能被有效利用所需要的最小输入功。为了正确的计算不同能量之间的质量差异，第二原则效率［The Second Principle Efficiency，或火用效率（Exergy Efficiency）］定义成系统提供的效用能和提供给系统的效用能之比。

根据热力学第一定律计算的效率，由于燃料的效用能与它的低热值一致，因此第一原则效率 η_I 接近 1。在电解槽中：

$$\eta_I = \frac{\dot{m}_c H_i}{P} \qquad (3.25)$$

式中，H_i 是燃料的低热值。在燃料电池中：

$$\eta_I = \frac{P}{\dot{m}_c H_i} \qquad (3.26)$$

根据热力学第二定律计算的效率，因为没有中间的热能转换，电化学反应可逆过程中的火用效率 η_{II} 达到 1：

$$\eta_{II} = \frac{\dot{m}_c e_c}{P} \qquad (3.27)$$

对于电解槽，能量 P 是从电化学反应中获得，式中 $\dot{m}_c$ 是燃料容量，e_c 是燃料效用能。在燃料电池中：

$$\eta_{II} = \frac{P}{\dot{m}_c e_c} \qquad (3.28)$$

3.6　电解槽

3.6.1　电解槽的功能

电解槽是利用电能来驱动氧化还原反应分解化学物质的设备，在电池中，电解液可能是酸（如 HCl）、碱（如 NaOH）或者盐（如 NaCl）溶解在溶剂（通常是水）中得到带有正负离子（H^+、Na^+、OH^-、Cl^-）的溶液。通过外电路将浸入在电解液中的两个电极连接起来，并在电极之间加上电压，在外电路上有电子的流动，在电解液中的离子发生流动。电子从外电路流向电极，并在阴极上发生还原半反应，从阳极上流向外电路，并在阳极上发生氧化半反应。

通过化学物质的还原电势（Reduction Potential，单位为 V）来判断它们被另一种化学物质氧化还原的能力，物质的还原电势越高，表明该物质相比于别的物质更容易获得电子。还原电势的测量以标准氢电极[⊖]（Standard Hydrogen Electrode，SHE）为参照物，标准氢电极的还原电势通常设为 0。

在热力学上，一种方法是将元素同标准氢电极之间的还原电势差计作该元素的还原电势 ΔV_{rid}，在可逆的电化学反应中，相同物质的氧化电势 ΔV_{oss} 与还原电势 ΔV_{rid} 绝对值相同，符号相反（$\Delta V_{oss} = -\Delta V_{rid}$）。比如说，钾元素具有相当低的标准还原电势（$\Delta V_{rid} = -2.92V$），因此很难获得电子，但是标准氧化电势相当高（$\Delta V_{oss} = 2.92V$），说明钾元素很容易失去电子。

工业电解槽通常拥有多个电解电池，这些电解电池相互串联起来，使用金属双极板将不同的电解电池分割，双极板的两面分别作为电解电池的阴极和阳极，这样做可以提高产率，并且能够使电压在池间均匀分布。

电解效率通过计算电解产物氢中储存的化学能同消耗的电能的比值得出。

3.6.2　电解槽技术

3.6.2.1　碱性电解槽

碱性电解槽（Alkaline Electrolysers）占据了商用电解槽市场中的很大一部分份额，它们采用耐 KOH 腐蚀的材料，在设计上可以防止电解液泄漏。阳极由镍组成，阴极是在镍的表面镀上一层铂，工作温度通常为 70 ~ 85℃，通过电极的电流密度为 6 ~ 10kA/m²，转化效率能够达到 75% ~ 85%。

碱性电解槽是由电解电池构成，电解电池的组成包括 KOH 的水溶液电解液以及浸入其中的电极，OH^- 离子在电场作用下在阳极上被氧化（失去电子），生成氧气分子和水并释放电子，电子进入外电路到达阴极，反应方程如下：

$$2OH^- \longrightarrow \frac{1}{2}O_2 + H_2O + 2e^- （阳极） \tag{3.29}$$

上述反应的氧化电势 $\Delta V_{oss} = -0.40V$，在阴极上，电子不能还原溶液中 K^+

⊖　标准氢电极的绝对电势通过波恩-哈勃循环估测出来，在 298.15K 的温度下，大小为（4.44 ± 0.02）V。

离子，在前面提到过，K^+ 的还原电位非常低（$\Delta V_{rid} = -2.92V$），因此在阴极上发生的是水自身的还原反应：

$$2H_2O + 2e^- \longrightarrow H_2 + 2OH^- \text{（阴极）} \tag{3.30}$$

水的还原电势为 $-0.83V$，虽然仍然为负值，但是比 K^+ 的还原电势要高出不少，因此在阴极上发生了水的还原反应，生成氢气分子并释放出 OH^- 离子，整个反应需要的电压可以通过下式计算出来：

$$\Delta V_{oss} + \Delta V_{rid} = -0.40V + (-0.83V) = -1.23V \tag{3.31}$$

这个电压大小等于驱动这两个非自发反应所需要的电动势。

利用可以允许 OH^- 离子和水分子通过，但是不允许氢气和氧气通过的多孔隔膜，便可以在允许水和离子流动的同时，达到生成的气体产物分离的目的，系统可以分别对两种气体进行收集，整个反应如下：

$$H_2O \longrightarrow H_2 + \frac{1}{2}O_2 \tag{3.32}$$

和放热的氢气氧气燃烧反应方向相反。

3.6.2.2 固体聚合物（高分子薄膜）电解槽

在固体聚合物（Solid Polymer）或者高分子薄膜（Polymer Membrane）电解槽中，电解质是固体聚合物，这样的设计结构更加简单并且维护起来更加方便。聚合物中充满水，呈酸性并且允许离子透过。这样的电池可以使用很薄的聚合物薄膜，由于薄膜的强度很高，使得电池可以在 4MPa 的压力和 80~150℃ 的温度下工作。

固体聚合物电解槽使用稀有的和价格昂贵的电极材料（阴极材料是多孔炭，阳极材料是多孔钛），可以达到很高的效率和电流密度。

3.6.2.3 高温电解槽

高温电解槽（High-Temperature Electrolysis）需要很高的温度（1000℃左右）维持运行，其工艺成本相对较高，但是它通过允许氧离子通过固态的抗腐蚀电解质（基于锆和钇的氧化物），保证了高性能。它的阴极由镍组成，阳极由镍、镍的氧化物和镧组成。通过电极的电流密度通常为 $3~5kA/m^2$，电解电池需要的电压为 1.0~1.6V，理论转化效率接近 95%。

3.6.3 热力学

假定氢气和氧气是理想气体，水的体积不可压缩，并且它的气相和液相处于分离状态，电解反应中的焓变、熵变和吉布斯自由能的变化可以利用标准状态下氢气、氧气和水的相关数据计算得出。

电解水过程中整个系统的焓变是电解产物（氢气和氧气）的焓和反应物

（水）的焓之差：

$$\Delta H = \Delta H_{H_2} + \frac{1}{2}\Delta H_{O_2} - \Delta H_{H_2O} \qquad (3.33)$$

由此可以得出

$$\Delta H_x = c_{p,x}(T - T_{ref}) + \Delta H^0_{f,x} \qquad (3.34)$$

同理，反应的熵变 ΔS 为

$$\Delta S = \Delta S_{H_2} + \frac{1}{2}\Delta S_{O_2} - \Delta S_{H_2O} \qquad (3.35)$$

同样地

$$\Delta S_x' = c_{p,x}\ln\left(\frac{T}{T_{ref}}\right) - R\ln\left(\frac{p}{p_{ref}}\right) + \Delta S^0_{f,x}, \ x = H_2, O_2 \qquad (3.36)$$

$$\Delta S_{H_2O} = c_{p,H_2O}\ln\left(\frac{T}{T_{ref}}\right) + \Delta S^0_{f,H_2O} \qquad (3.37)$$

在上述方程中，$c_{p,x}$ 是物质 x 在恒压下的比热（氢气为 28.84J/mol K，氧气为 29.37J/mol K，液态水为 75.39J/mol K）；ΔH_x 是物质 x 的焓变（J/mol）；$\Delta H^0_{f,x}$ 是物质 x 在标准条件下的生成焓（定义氢气和氧气的标准生成焓为 0）；p 是压强（Pa），1 标准大气压 = 101.325kPa；R 是标准气体常数，大小为 8.314J/mol K；ΔS_x 是物质 x 的熵变（J/mol K）；$\Delta S^0_{f,x}$ 是物质 x 在标准条件下的生成熵（J/mol K）；T 是温度（K）。

在标准条件下，水的分解反应不能自发进行，它的吉布斯自由能变化（$\Delta G^0_{s,H_2O}$）为正，大小为 237kJ/mol。水的生成反应能够自发进行，它的吉布斯自由能变化（$\Delta G^0_{f,H_2O}$）为 –237kJ/mol。在标准条件下，水分解时产生的焓变为 286kJ/mol，因此水的生成焓为-286kJ/mol，生成熵为 0.16433kJ/mol K。

前面提过，电解水反应不能自发进行（$\Delta G > 0$），需要额外的电能为

$$L_{el} = \Delta G = qE \qquad (3.38)$$

式中，q 是电池外电路通过的电量（C/mol），分解 1mol 水通过的电荷量等于反应中电荷转移数 z 乘以法拉第常数：

$$L_{el} = \Delta G = qE = zFE \qquad (3.39)$$

式中，$z = 2$；F 是法拉第常数。

在电化学反应中，E 称为可逆电池电压（U_{rev}），其中

$$U_{rev} = \frac{\Delta G}{zF} \qquad (3.40)$$

另外，热中性电压 U_{th} 的定义是在恒定温度下保持反应进行所需要的电压，热中性电压与反应的焓变有关：

$$U_{th} = \frac{\Delta H}{zF} \tag{3.41}$$

标准条件下，水分解反应中，$U_{rev} = 1.229V$，$U_{th} = 1.482V$。

随着温度的升高，电池的可逆电压降低（在 80℃ 温度和 0.1MPa 压力下，$U_{rev} = 1.184V$），而热中性电压几乎保持不变（在 80℃ 温度和 0.1MPa 压力下，$U_{th} = 1.473V$）。系统的压力升高会导致可逆电池电压轻微的提升（在 80℃ 温度和 3MPa 压力下，$U_{rev} = 1.295V$），此时热中性电压基本保持不变。

3.6.4 数学模型

由于很难在电化学反应器中找出电流和电压之间的关系，通常相关的数学模型都是建立在半经验的模型基础上，在这一节中，我们将通过下述的模型[8]来讨论高分子薄膜电化学电池中的 $I\text{-}U$ 特性：

$$U_{el} = U_{el,0} + C_{1,el}T_{el} + C_{2,el}\log\left(\frac{I_{el}}{I_{el,0}}\right) + \frac{R_{el}I_{el}}{T_{el}} \tag{3.42}$$

式中，$U_{el,0}$、$C_{1,el}$、$C_{2,el}$、$I_{el,0}$ 和 R_{el} 都是从实验中获得的参数；T_{el} 是电池温度；U_{el} 是电极之间的测量电压；I_{el} 是通过电解槽的电流（见图 3.1）。式中的前两项表示标准条件下串联的电池组的热中性电压，通过计算各个电池电压的总和得出。式中的第三和第四项分别表示活化极化损耗和欧姆极化损耗，由浓差极化造成的损耗参数由经验确定。

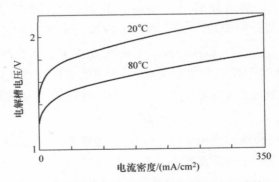

图 3.1 不同温度下电解槽中的电流-电压曲线

电解槽的开启点可以通过下面的非线性模型给出：

$$\begin{cases} P_{el} = U_{el}I_{el} \\ U_{el} = U_{el,0} + C_{1,el}T_{el} + C_{2,el}\ln\left(\frac{I_{el}}{I_{el,0}}\right) + \frac{R_{el}I_{el}}{T_{el}} \end{cases} \tag{3.43}$$

式中，P_{el} 是外界提供给电解槽的电能。

根据法拉第定律，产生氢气的摩尔流量与通过外电路的电流成比例：

$$\dot{n}_{H_2} = \eta_F \frac{N_c I_{el}}{zF} \tag{3.44}$$

式中，$\dot{n}_{H_2}$ 是氢气的摩尔流量（mol/s）；N_c 是电解槽内串联的电解电池数目。供给水的摩尔流量以及产生的氧气的摩尔流量可以通过下式表述：

$$\dot{n}_{H_2O} = \frac{1}{2}\dot{n}_{O_2} = \dot{n}_{H_2} \tag{3.45}$$

式中，η_F 是电解槽的法拉第效率，描述电解槽中产物实际产量与理论产量之间的比值。

电效率 η_e 表示所有电解槽的热中性电压值之和与所有电极间电压之和的比值：

$$\eta_e = \frac{N_c U_{th}}{U_{el}} \tag{3.46}$$

通常来说电解槽的电效率在 70% 左右。

3.6.5　热模型

电解质的温度对电池的 *I-U* 曲线和运行影响非常大，电解槽的热平衡可以用下式进行描述：

$$\dot{Q}_{gen} = \dot{Q}_{store} + \dot{Q}_{loss} + \dot{Q}_{cool} \tag{3.47}$$

式中，$\dot{Q}_{gen}$ 是电池在运行过程中产生的热能；$\dot{Q}_{store}$ 是储存在系统物质中的热能；$\dot{Q}_{loss}$ 是耗散到周围环境中的热能；$\dot{Q}_{cool}$ 是由冷却系统吸收的热能。

电解槽的冷却是通过在电解液中加入多一倍电解反应需要的水量来完成，多余的水以热交换的形式吸收反应产生的废热，并通过流经整个系统的冷却水来有效地降低电池的入口和出口处的水温。

可以得出如下的关系：

$$\dot{Q}_{gen} = (U_{el} - N_c U_{th})I_{el} = U_{el} I_{el}(1 - \eta_e) \tag{3.48}$$

$$\dot{Q}_{store} = C_t \frac{dT}{dt} \tag{3.49}$$

$$\dot{Q}_{loss} = \frac{(T - T_a)}{R_t} \tag{3.50}$$

$$\dot{Q}_{cool} = C_{cw}(T_{cw,in} - T_{cw,out}) = UA_{hx} \times LMTD \tag{3.51}$$

式中，C_t 是电解槽的热容（J/K）；T 是电解质的温度；t 是时间；T_a 是环境温度；R_t 是电解槽的热阻（K/W）；$T_{cw,in}$ 和 $T_{cw,out}$ 是电解槽入口处和出口处的冷却水温度；UA_{hx} 是冷却水同电解液的热交换系数（W/K）；$LMTD$ 是冷却水同电解液平均温差的对数；$C_{cw} = (\dot{n}_{H_2O,cool} \times c_{p,H_2O})$ 是冷却水的热容，其中 $\dot{n}_{H_2O,cool}$ 是冷却水的摩尔流速（mol/s），c_{p,H_2O} 是特定压力下水的比热（J/mol K）。

热交换系数 UA_{hx} 如下：

$$UA_{hx} = a_{cond} + b_{conv}I_{el} \tag{3.52}$$

式中，a_{cond} 是电解槽热阻 R_t 的倒数（W/K）；b_{conv} 是取决于电解质和电极之间对流系数的定值（W/K A）。UA_{hx} 与通过电解槽的电流 I_{el} 大小成正比，因为随着电流的升高，气体的产量也在增大，气泡的生成导致电解液的热对流现象加强。

平均温差对数 $LMTD$ 由下式确定：

$$LMTD = \frac{(T - T_{cw,i}) - (T - T_{cw,o})}{\ln[(T - T_{cw,i})/(T - T_{cw,o})]} \tag{3.53}$$

假定电解质的温度 T 不变，上面的方程变为

$$T_{cw,o} = T_{cw,i} + (T - T_{cw,i}) \left[1 - \exp\left(-\frac{UA_{hx}}{C_{cw}} \right) \right] \tag{3.54}$$

然后，将上述方程与热平衡方程结合起来，便得到一个一阶非线性齐次微分方程

$$\frac{dT}{dt} + at - b = 0 \tag{3.55}$$

其解为

$$T = \left(T_{in} - \frac{b}{a} \right)\exp(-at) + \frac{b}{a} \tag{3.56}$$

其中

$$a = \frac{1}{\tau_t} + \frac{C_{cw}}{C_t}\left[1 - \exp\left(-\frac{UA_{hx}}{C_{cw}} \right) \right] \tag{3.57}$$

$$b = \frac{U_{el}I_{el}(1 - \eta_e)}{C_t} + \frac{T_a}{\tau_t} + \frac{C_{cw}T_{cw,i}}{C_t}\left[1 - \exp\left(-\frac{UA_{hx}}{C_{cw}} \right) \right] \tag{3.58}$$

式中，T_{in} 是电池运行的初始温度，大小等于开始时的周围环境温度；τ_t 是电解槽时间常数（s），大小等于 R_tC_t。电池产物出口处的氢气和氧气的温度与电解液的温度相同。

3.7 燃料电池

3.7.1 燃料电池功能

燃料电池（Fuel Cell，FC）是氢气和氧气发生自发燃烧反应的电化学设备，

反应方程如下：

$$H_2 + \frac{1}{2}O_2 \longrightarrow H_2O + 电子 + 热量 \tag{3.59}$$

其中氢气作为燃料，氧气作为氧化剂，在进入电池时为气相，反应的产物有水、电子和热量，整个反应过程不产生污染物。并且大部分燃料电池不产生温室气体，因此，燃料电池是一个有效的热电联产系统，能够产生电能和热能。

在燃料电池中，氢气分子通过阳极上存在的孔进行扩散，在催化剂的作用下，失去一个电子实现离子化，并进入溶液中，失去的电子被电极收集进入外电路中，反应方程如下：

$$\frac{1}{2}H_2 \longrightarrow [H] \longrightarrow H^+ + e^- \tag{3.60}$$

式中，方括号表示氢原子在电极的多孔结构内吸附的中间过程，氢离子和电子分别通过电解质和外电路最终到达阴极与氧气分子反应，形成产物水。反应中产生的热量可以采用合适的水或者空气冷却系统排出。

燃料电池中的氢能转换系统由几个子系统组成，比如：

1）控制子系统：利用泵等设备控制电池的进样和出样速度，同时保证反应物进样和产物出样时的温度、压力和湿度达到工艺要求；

2）热管理子系统：通过热电联产系统来优化电池运行时的温度，监视并及时排出废热；

3）电力电子子系统：控制电力输出。

除了拥有很高的实用性和适应性，燃料电池同样拥有一些其他优点，比如：

1）高转换率；

2）热电联产系统的有效利用；

3）有效地降低了反应压力，同时工作温度范围为 $80 \sim 1000℃$，远低于内燃机的 $2300℃$；

4）高度的系统扩展性，整个电池组的性能与电池组的规模无关（可以通过增加电池的数目来增加整个电池组的容量，而不损失性能）；

5）可以与其他能源协同使用，降低当今的能源环境冲突；

6）电池的性能与负载的变化无关；

7）电池能够迅速地对负载的变化做出响应；

8）容易组装，没有活动的组件。

除了上述的优点之外，燃料电池也具有一些缺点，比如使用铂之类的价格高昂的催化剂，另外，燃料电池的寿命相对较短，在目前的技术条件下电池寿命预计在 $10000 \sim 20000\mathrm{h}$。但是随着技术的进步，这些缺点将会在不久的将来被克服或者彻底消除。

3.7.2 燃料电池技术

按照燃料电池的电解质种类和运行时温度的不同，可以将燃料电池分为下面几类：

1）碱性燃料电池（Alkaline Fuel Cell，AFC）；

2）磷酸燃料电池（Phosphoric Acid Fuel Cell，PAFC）；

3）质子交换膜燃料电池（Proton Exchange Membrane Fuel Cell，PEMFC）或者聚合物电解质薄膜燃料电池（Polymeric Electrolyte Membrane Fuel Cell，PEM）；

4）熔融碳酸盐燃料电池（Molten Carbonate Fuel Cell，MCFC）；

5）固体氧化物燃料电池（Solid Oxide Fuel Cell，SOFC）。

3.7.2.1 碱性燃料电池

在碱性燃料电池中，电解液通常是 KOH 的水溶液，电池的工作温度通常为 $60 \sim 100 ℃$，电极材料为多孔炭，催化剂材料为铂和镍。

正如在电解槽中一样，在燃料电池中，在电极上也会发生氧化还原反应，电子从电池内经过阳极进入外电路，最终到达阴极。

在多孔阳极电极上，氢气与溶液中的 OH^- 离子发生反应生成水，并释放电子，反应方程如下：

$$H_2 + 2OH^- \longrightarrow 2H_2O + 2e^- \tag{3.61}$$

该反应产生的氧化电势 $\Delta U_{oss} = -\Delta U_{rid} = 0.83V$。

在阴极上，电子从外电路上经过负载最终到达电极，与氧气反应产生 OH^- 离子，反应如下：

$$\frac{1}{2}O_2 + H_2O + 2e^- \longrightarrow 2OH^- \tag{3.62}$$

该反应产生的还原电势 $\Delta U_{rid} = -\Delta U_{oss} = 0.40V$。溶液中 OH^- 离子向阳极移动形成电流回路，因此这两个反应产生的电压为 $\Delta U_{oss} + \Delta U_{rid} = 0.83V + 0.40V = 1.23V$。根据电池内的工作温度的不同，反应产物水以液态或者气态的形式被排出电池。

碱性燃料电池的优势在与它具有很快的启动速度和高的工作效率，但是对碳的氧化物非常敏感，因此对氧气的纯度要求非常高，从而限制了它的大规模推广使用。

3.7.2.2 磷酸燃料电池

磷酸燃料电池使用磷酸作为电解质，电池的工作温度通常为 $160 \sim 200 ℃$，电极材料由金和钛组成，防止电极腐蚀，以碳载铂作为催化剂。这种类型的电池

对 CO_2 不敏感，因此可以直接利用空气作为氧化剂，然而传统的化石能源仍然不能作为燃料，因为 CO 的存在很容易引起铂电极中毒。

磷酸燃料电池中阳极上发生的反应如下：

$$2H_2 \longrightarrow 4H^+ + 4e^- \qquad (3.63)$$

同时阴极上发生的反应如下：

$$O_2 + 4H^+ + 4e^- \longrightarrow 2H_2O \qquad (3.64)$$

这些电池的工作温度为 160~220℃，可以用于中小型工厂以及住宅供暖和热水供应。由于这一特点使得它们适用于热电联供（CHP）。

磷酸燃料电池对 CO_2 具有很高的抗毒性，因此，不仅可以使用纯的氢气或者氢气混合气作为燃料，也可使用醇类或者烃类作为燃料，它的不足之处在于它需要使用一个外部重整设备将燃料重整为氢气，使得电池的运行变得更加复杂，同时使用贵重的铂作为催化剂增加了设备的建造成本。

通常来说此类的商用电池功率在 100~200kW，但是在日本和美国也出现了一些兆瓦级别的电站，用来给医院、办公楼、学校和机场提供电能。

3.7.2.3　聚合物电解质薄膜燃料电池

聚合物电解质薄膜燃料电池拥有两个多孔炭电极，电极之间用氯代硫酸的高分子薄膜隔开，电池的运行温度为 80~120℃，电解质中的传导离子为 H^+ 离子，电池内发生的反应和磷酸燃料电池相同，只要空气中没有会导致催化剂中毒的 CO 的存在，就可以用来作为氧气的替换物。

由于使用了耐腐蚀的高分子薄膜，对 CO_2 具有很好的抗毒性，相对较低的工作温度带来的热排放也相应地减少，使得聚合物电解质薄膜燃料电池的稳定性非常好。这类电池容易组装，管理维护也比较简单，因此可以用作移动便携设备中。此外，高达 $2mA/cm^2$ 的电池密度使得电池变得紧凑而轻巧，上述的两个优点使得此类电池在汽车制造中有着广泛的应用前景，此外它还具有很快的启动速度和迅速响应的能力。聚合物电解质薄膜燃料电池可以作为系统中的备用电源，功率可达到 200kW。它的另一个优点是低建造成本，这主要得益于它的标准化规程。

3.7.2.4　熔融碳酸盐燃料电池

熔融碳酸盐燃料电池使用的电解质为碱性碳酸盐，主要为 KCO_3，它的工作温度一般为 600~850℃，阳极上发生的反应如下：

$$3H_2 + 3CO \longrightarrow 3H_2O + 3CO_2 + 6e^- \qquad (3.65)$$

$$CO + CO_2 \longrightarrow 2CO_2 + 2e^- \qquad (3.66)$$

同时阴极上发生的反应如下：

$$2O_2 + 4CO_2 + 8e^- \longrightarrow 4CO_3^- \qquad (3.67)$$

在电解质中的导电离子为 CO_3^-，在电池内 H_2 和 CO 在阳极上发生燃烧反应生成 CO_2，由于这个特点，此类电池使用的气体可以免去纯化的步骤，进一步简化了电池建造的过程。

熔融碳酸盐燃料电池具有很高的转化效率，十分适合在热电联产系统中的应用，然而，此类电池需要在较高的温度下运行，降低了它的使用寿命和稳定性，短期内熔融碳酸盐燃料电池不适合用于非固定设备，但是它可以利用不同类型的燃料的优点使得它在固定设备中有着广泛的适应性和商业前景。此外，高的工作温度有利于减少催化剂的使用，因此可以降低电池的运行成本。

3.7.2.5 固体氧化物燃料电池

固体氧化物燃料电池使用氧化钇稳定的氧化锆作为固体陶瓷电解质，这使得该电池能够在高温（800 ~ 1000℃）下运行。基于这个原因，此类电池不再需要使用催化剂，同时还可以使用 H_2、CO 和烃类的混合气体作为燃料。

阳极上发生的反应如下：

$$H_2 + O^- \longrightarrow H_2O + 2e^- \tag{3.68}$$

$$CO + O^- \longrightarrow CO_2 + 2e^- \tag{3.69}$$

$$CH_4 + 4O^- \longrightarrow 2H_2O + CO_2 + 8e^- \tag{3.70}$$

同时阴极上发生的反应如下：

$$3O_2 + 12e^- \longrightarrow 6O_2^- \tag{3.71}$$

电池中导电离子为 O^-。

在电池中 H_2、CO 和 CH_4 与 O_2 发生燃烧反应，不幸的是，碳的存在会导致电池在运行过程中释放温室气体 CO_2。

由于固体氧化物燃料电池很难制造成既薄又耐久性好的大的箔状结构，因此这类电池通常具有特殊的几何结构，比如管状。固体氧化物燃料电池的结构通常庞大而复杂。到目前为止，此类电池仍不适合小型设施或者非固定设备使用。虽然固体氧化物燃料电池达到工作温度需要的启动时间远高于其他类型的燃料电池，但是此类电池在热电联产系统中仍然有着应用前景。不过相对较高的工作温度会降低电池的使用寿命和稳定性。

3.7.3 热力学

相比于电解槽，燃料电池有着与之相反的反应方向和热力学过程，在电解槽中发生的反应过程是非自发的，而在燃料电池中发生的能量转换是自发进行的，它的吉布斯自由能变化为负值。

在标准条件下，氢气和氧气反应的吉布斯自由能变化 $\Delta G = -237kJ/mol$，在

非标准条件下，ΔG 变为

$$\Delta G = \Delta H - T\Delta S \tag{3.72}$$

式中，焓变 ΔH 和熵变 ΔS 可以通过下式得出：

$$\Delta H = \Delta H_{H_2O} - \frac{1}{2}\Delta H_{O_2} - \Delta H_{H_2} \tag{3.73}$$

$$\Delta S = \Delta S_{H_2O} - \frac{1}{2}\Delta S_{O_2} - \Delta S_{H_2} \tag{3.74}$$

每个电池可以释放出的理想最大电能如下：

$$W = \Delta G = qE = zFE \tag{3.75}$$

式中，z 是反应中牵涉到的电子数目；F 是法拉第常数；E 是燃料电池产生的电动势，也被称作燃料电池的可逆电压 U_{rev}，大小等于可以从电池中获得的最大理论开路电压。

从上述方程中可以得出可逆电压为

$$U_{rev} = \frac{\Delta G}{zF} \tag{3.76}$$

同样，电池的热中性电压 U_{th} 与整个反应的焓变 ΔH 之间的关系为

$$U_{th} = \frac{\Delta H}{zF} \tag{3.77}$$

在标准条件下，可逆电压 $U_{rev} = 1.229V$，非标准条件的可逆电压通过该条件下的反应的吉布斯自由能变化计算得出。

在任何情况下，都可以利用下面的方程来分析压力和温度对电池可逆电压 U_{rev} 的影响：

$$\left(\frac{dU_{rev}}{dT}\right)_{p=\text{cost}} = \frac{\Delta S}{zF} \tag{3.78}$$

$$\left(\frac{dU_{rev}}{dT}\right)_{T=\text{cost}} = -\frac{\Delta V}{zF} \tag{3.79}$$

式中，ΔV 表示体积变化。

当反应物的浓度偏离化学计量比时（比如氢气或者氧气过量），可逆电压的变化遵循能斯特方程：

$$U_{rev} = U_{rev}^0 + \frac{RT}{zF}\log\left(\frac{1}{[H_2]\sqrt{[O_2]}}\right) \tag{3.80}$$

式中，$[H_2]$ 和 $[O_2]$ 分别是氢气和氧气的浓度。

由于在燃料电池中反应导致的体积变化为负（从气相转变为液相），压力的增加可以提升电池的性能，比如由于可逆电压的升高，物质输运现象得到加强，电解液中的气体溶解度增高，由于蒸发导致的材料损失也相应地减少。然而压力

增加也会带来负面影响，材料需要承受更大的压力。提升运行温度同样能够提升电池的性能，由欧姆极化、活化极化和浓差极化带来的损耗随着温度的升高而降低，温度和压力对电池的性能影响如图3.2所示。

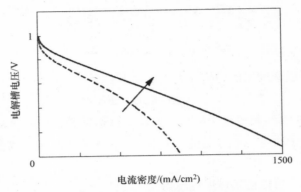

图 3.2　温度和压力对燃料电池的 *I-U* 曲线的影响

根据法拉第定律可以得出理想条件下电池中消耗的氢气的摩尔流量 $\dot{n}_{H_2,id}$ 与电路中的电流之间的关系为

$$\dot{n}_{H_2,id} = \frac{I_{fc}}{zF}\qquad(3.81)$$

式中，I_{fc} 是在单电池中两个电极间的电流密度。

极化带来的损耗会导致电池转化率下降，氢气并不能反应完全，因此电池消耗的氢气量要高于理想条件下的消耗量。为了量化实际条件下氢气的实际消耗量，法拉第效率可以做如下转换：

$$n_F = \frac{\dot{n}_{H_2,id}}{\dot{n}_{H_2}}\qquad(3.82)$$

式中，$\dot{n}_{H_2}$ 是维持需要电流所需要的实际氢气摩尔流量。

燃料电池中氢气的实际消耗速度可以用下式表达：

$$\dot{n}_{H_2} = \frac{N_c I_{fc}}{n_F zF}\qquad(3.83)$$

同样的，燃料电池中氧气的实际消耗摩尔流量和水的摩尔生成速度如下：

$$\dot{n}_{H_2} = \dot{n}_{H_2O} = \frac{1}{2}\dot{n}_{O_2}\qquad(3.84)$$

对于氢气/空气燃料电池，由于空气中只有21%的氧气，所以需要的空气的量大约是纯的氧气的4.76倍。

燃料电池的电效率定义如下：

$$\eta_e = \frac{U_{fc}}{N_c U_{th}} \tag{3.85}$$

式中，U_{fc} 是电池的实际输出电压。

根据法拉第定律，燃料电池所能产生的最大电流 I_{max} 为

$$I_{max} = nF \frac{df}{dt} \tag{3.86}$$

式中，df/dt 是反应物最大理论消耗速度（mol/s）。实际工作电流的计算只需将式（3.86）中的氢气理论消耗速度换成氢气的实际消耗速度便可以得出。

氢气的实际消耗率可以用下式表达：

$$\eta_e = \frac{I_{real}}{I_{max}} = \frac{\dot{n}_{H_2,used}}{\dot{n}_{H_2,in}} \tag{3.87}$$

式中，$\dot{n}_{H_2,in}$ 和 $\dot{n}_{H_2,used}$ 分别是氢气的摩尔进样流量和摩尔消耗流量。

对于使用过量氢气工作的电池而言，它的电流效率低于 1。如果燃料电池能够将输入的氢气全部消耗完（dead-end cells，无氢气泄漏），它的效率可以达到 100%。

3.7.4　数学模型

燃料电池的极化会导致阳极电压增加，阴极电压降低，这个现象可以从下式看出：

$$U_{anode} = U_{rev,anode} + |\eta_{anode}| \tag{3.88}$$
$$U_{cathode} = U_{rev,cathode} - |\eta_{cathode}| \tag{3.89}$$

式中，η_{anode} 和 $\eta_{cathode}$ 分别是电池中由于浓差极化和活化极化共同造成阳极和阴极电压的变化。电池的电压因此可以变为下式：

$$U_{cell} = U_{cathode} - U_{anode} - RI_{fc} = U_{rev} - \eta_{conc} - \eta_{act} - \eta_{ohm} \tag{3.90}$$

考虑到极化影响的电池的实际电压-电流曲线如图 3.3 所示。

燃料电池的非线性行为的模型可以通过实验得出，电池的 I-U 曲线参数可以通过在不同条件下的电池运行实验得出，取决于电池本身所使用的技术。聚合物电解质电池电堆的模型如下：

$$U_{fc} = U_{fc,0} + C_{1,fc} T_{fc} + C_{2,fc} \ln\left(\frac{I_{fc}}{I_{fc,0}}\right) + \frac{R_{fc} I_{fc}}{T_{fc}} \tag{3.91}$$

式中，$U_{fc,0}$、$C_{1,fc}$、$C_{2,fc}$、$I_{fc,0}$ 和 R_{fc} 均是通过实验获得的参数；T_{fc} 是电池的运行温度，大小在 70～80℃；U_{fc} 是电堆的电压，I_{fc} 是燃料电池产生的电流。

式中的前两项表示电堆在理想条件运行下的热中性电压，第三项表示活化极化造成的电压损耗，第四项表示欧姆极化造成的电压损耗。和电解槽相同，燃料

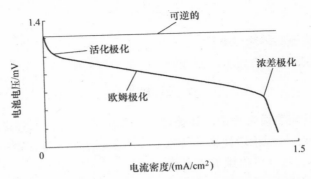

图 3.3　聚合物电解质燃料电池中极化对可逆电压的影响

电池中浓差极化造成的电压损耗由经验确定。

电池的开启点由下式确定：

$$\begin{cases} P_{\text{fc}} = U_{\text{fc}} I_{\text{fc}} \\ U_{\text{fc}} = U_{\text{fc},0} + C_{1,\text{fc}} T_{\text{fc}} + C_{2,\text{fc}} \ln\left(\dfrac{I_{\text{fc}}}{I_{\text{fc},0}}\right) + \dfrac{R_{\text{fc}} I_{\text{fc}}}{T_{\text{fc}}} \end{cases} \tag{3.92}$$

式中，P_{fc} 是电池提供的电能。

从上式中可以得出 I_{fc} 的大小，同样也就可以得出氢气的实际消耗速度。

3.7.5　热模型

电池的运行温度需要辅助冷却系统来调控。通常注入冷却水来保障聚合物电解液的工作温度保持稳定，使电池的性能达到最优。

由于电堆的热容很低，因此它的温度很容易升高。除了在开启和关闭时，电池在运行过程中温度一直处于恒定值。

参 考 文 献

1. Aylward G, Findlay T (1994) SI Chemical Data, 3rd ed. Wiley and Sons, New York
2. Costamagna P, Selimovic A, Del Borghi M, Agnew G (2004) Electrochemical model of the integrated planar solid oxide fuel cell (IP-SOFC). Chemical Engineering Journal 102:61–69
3. Incropera F P, DeWitt D P (1990) Fundamentals of Heat and Mass Transfer, 3rd ed. John Wiley & Sons, New York
4. Kordesch K, Simader G (1996) Fuel cells and their applications, 3rd ed. VCH Publisher Inc., Cambridge
5. Kothari R, Buddhi D, Sawhney R L (2005) Study of the effect of temperature of the electrolytes on the rate of production of hydrogen. Int. J. Hydrogen Energy 30:251–263
6. Leroy R L, Stuart A K (1978) Unipolar water electrolyzers. A competitive technology. Proc. 2nd WEHC, Zürich, Switzerland, pp. 359–375

7. Roušar I (1989) Fundamentals of electrochemical reactors. In: Ismail M I (ed.) Electro-chemicals reactors: their science and technology, Part A. Elsevier Science, Amsterdam
8. Ulleberg Ø (2003) Modeling of advanced electrolyzers: a system simulation approach. Int. J. Hydrogen Energy 28:21–33
9. Williams M C, Strakey J P, Singhal S C (2004) U.S. distributed generation fuel cell program. J. Power Sources 131:79–85

第4章 太阳辐射和光电转换

光伏发电技术能够将太阳辐射的能量收集和转换为电能使用或储存。到达地面的太阳辐射会受到气候变化和不同季节的影响，如何可靠有效地储存能量是使用这类可再生能源的关键。

4.1 太阳辐射

太阳是离我们最近的恒星，它通过内部的核聚变过程，即两个氢原子核聚合为一个氦原子核，持续向外释放电磁能量。由于氦原子核的质量小于两个氢原子核的质量之和，根据爱因斯坦质能方程（4.1），多出的质量转化为能量：

$$E = mc^2 \tag{4.1}$$

由于大多数的可见光辐射处于黄绿光谱范围，太阳被定义为一颗 G2V 黄矮星（参考赫罗图⊖）。太阳的直径约为 $1.39 \times 10^6 \, km$，表面温度约为 5750K，其质量的 75% 为氢，其余大部分为氦，以及不到 2% 的其他元素。

太阳辐照度是指地球每单位面积从太阳接收到的电磁辐射功率（kW/m^2）。美国航天局的卫星观察到，太阳的总辐照度为 $3.8 \times 10^{23} \, kW$，其中有 $173 \times 10^{12} \, kW$ 的能量被 6371km⊖外的地球接收。太阳辐射是指地球每单位面积从太阳接收到的电磁辐射功率，单位为 kWh/m^2。

太阳常数是指在地球大气外，垂直照射于单位面积上的太阳辐照度总和，其值在 $1367 \sim 1371 W/m^2$ 之间，受地球椭圆轨道和太阳表面活跃强度影响变化。

陆地表面接收的太阳辐射强度受地理位置、一年中不同日期、每一天中太阳的不同位置、空气质量和气候条件影响变化。

当阳光照射到气体分子（例如氧气、二氧化碳、氮气）、水蒸气和大气中小颗粒时，太阳辐射将被部分地吸收，反射回外太空或者朝各个方向扩散。太阳辐射中直接照射到地球表面的部分称为直接辐射。太阳辐射遇到大气中的气体分子、尘埃等产生散射，以漫射光形式到达地球表面的辐射称为散射辐射。

⊖ 赫罗图是一种显示恒星的绝对星等、光谱类型、颜色和温度之间关系的图形。

⊖ 原文有误，应为 1.496 亿 km。—译者注

太阳辐射光谱（见图 4.1）显示了太阳光谱中不同波长的光线辐射能力以及大气中水分和二氧化碳等引起的吸收现象。

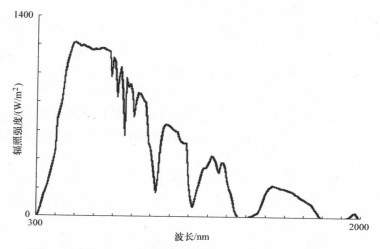

图 4.1　在海平面上太阳光谱以及 O_3、H_2O 和 CO_2 的吸收带

为了合理论述太阳辐射所经过的大气厚度产生的影响，空气质量指数被定义如下：

$$AM = \frac{P}{P_0 \sin\theta} \qquad (4.2)$$

式中，P 是大气压强；P_0 是参考压强 0.1013MPa；θ 是太阳光相对于地平线的夹角。

在海平面上当太阳光垂直于海平面时，$AM = 1$（$P = P_0$，$\theta = 90°$）；当太阳光和地平线形成 30°夹角时，$AM = 2$。在欧洲纬度地区，AM 被设定为 1.5，这也是实验室光伏电池测量中常用的参考值。当处于外太空没有任何衰减时，$AM = 0$。

太阳辐射在可见光波长为 0.48μm 时达到最大值，并在紫外区迅速衰减，在红外区的衰减缓慢一些。到达陆地表面的辐射波长主要处于 0.2 ~ 2.5μm，它们的分布如下所示：

1）0.2 ~ 0.38μm，紫外区域（包含光谱中总能量的 6.4%）；

2）0.38 ~ 0.78μm，可见光区域（包含光谱中总能量的 48%）；

3）0.78 ~ 10μm，红外区域（包含光谱中总能量的 45.6%）；

太阳的电磁能量由具有波粒二象性的光子组成。通常，光子轰击一个材料并将其部分能量转移给材料的粒子，使材料内能上升。对于一些材料，除了内能的上升外还会伴随其他现象，如：

1）光致激发：原子或分子中的电子由低轨道状态迁跃到高轨道状态；

2）光致电离：原子或分子的电离；

3）光电效应：带电粒子从材料中释放；

4）光伏效应：在不同材料之间产生一个电场（一般是半导体之间）。

4.2 光伏效应、半导体和 p-n 结

太阳辐射是一种符合莫里亚蒂-霍恩尼标准（见 1.3 节[⊖]）的可再生能源。在将电磁能转化为电能的材料中，半导体材料应用最广泛，而硅又是其中最常见的元素。

在地壳中，硅是继氧之后第二多的元素，占地壳质量的 25.7%。它可以在粘土、长石、花岗岩、石英砂中找到，大多是以二氧化硅、硅酸盐、铝硅酸盐的形式存在。

硅的原子量为 14，价带中有 4 个电子。在纯净的硅单晶结构中，每个原子以共价键形式与其他 4 个原子结合形成稳定的晶体结构，相邻两个原子共享一对电子。共价键是较强的化学键，只有当吸收了大于能隙（E_g）的能量时共价键才能被破坏，此时价带的电子移动到导带。对于硅而言，能隙为 1.12eV（$1eV = 1.602 \times 10^{-19}J$），大小处于导体和绝缘体能隙之间。

如果一个电子吸收能量迁移到价带，它将留下一个空穴。空穴会被相邻的电子填充，这个填充的电子又留下另一个空穴。通过这种机制，空穴的活动类似于一个移动的正电荷，镜像于相应电子的移动。

在硅的晶体结构中引入杂质能改变硅的电学性能。这种引入杂质的过程称为掺杂。

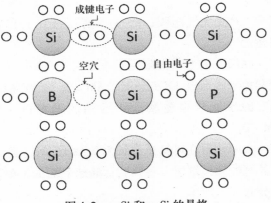

图 4.2 p-Si 和 n-Si 的晶格

如图 4.2 所示，元素表中 ⅢA 族和 VA 族元素可被掺杂到硅晶体结构中。

p 型硅可以通过在硅晶体结构中掺入少量硼（ⅢA 族）元素得到。此时硼的

⊖ 原文有误，应为 1.4 节。—译者注

3个价电子和4个硅原子结合，留下一个空穴。硼也因此称为受体材料。

n型硅可以向硅中注入磷（VA族）元素得到。磷的5个价电子中4个和硅原子结合，多出来一个作为自由电子在三维结构中移动。这个电子和硅晶格之间的键合作用较弱，可以在比其他共价键电子更低的能量作用下跃迁至导带中。磷元素因此被称为供体材料。

由于掺杂量很低，掺杂材料被认为是只改变硅电学性质而不改变化学性质的杂质。掺杂量的单位是原子数/cm³，从10^{13}变化到10^{20}原子数/cm³，硅晶格的原子密度为10^{22}原子数/cm³。

当一个p型半导体和一个n型半导体结合在一起时，就形成一个p-n结。电子和空穴的浓度梯度造成电子从n型半导体扩散到p型半导体，同时空穴以相反方向扩散。当来自n型区域的电子进入p型区域时，它们和空穴复合，反之亦然。这使得在两个半导体交界面形成一个耗尽区（空间电荷层），产生电动势。内部产生的电动势和耗尽区内扩散电流的方向相反（见图4.3）。

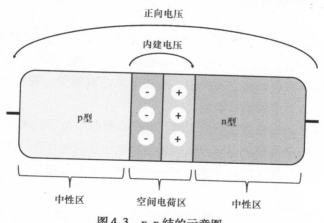

图4.3 p-n结的示意图

二极管是一种由p-n结组装的电子器件。p型半导体为阳极，n型半导体为阴极。硅半导体耗尽区产生的内建电动势约为0.6~2V，锗半导体耗尽区产生的内建电动势约为0.3~0.8V。

当一个二极管连接到外部电路时，使它处在回路当中，如果阳极电压比阴极电压高（直接极化）且外加偏压高于内建电压时电路导通。相反，当阳极电压为负时（逆向极化），二极管变得几乎不导电。当这个反向电压比二极管击穿电压还高时，二极管又变得导电，但有破坏结的潜在风险⊖。

⊖ 齐纳二极管（又称稳压二极管）是一种设计用于逆向传导电流的特殊的二极管。它被广泛采用，例如在需要精密电压基准的电气操作中作为稳压器。

二极管中的电流可以表达如下：

$$I = I_c + I_d \qquad\qquad (4.3)$$

其中

$$I_c = qA\mu_n n\varepsilon + qA\mu_p p\varepsilon \qquad\qquad (4.4)$$

且

$$I_d = qAD_n \frac{dn}{dx} - qAD_p \frac{dp}{dx} \qquad\qquad (4.5)$$

式中，I_c 是外加电场的电流；I_d 是扩散电流；A 是半导体截面面积；q 是电荷电量，$q = 1.602 \times 10^{-19}$ C；n 是电子浓度；p 是空穴浓度；ε 是外加电场；μ_n 是电子迁移率；μ_p 是空穴迁移率；D_n 是电子的扩散常数；D_p 是空穴的扩散常数。

4.3　晶体硅光伏电池

经过多年的理论研究和实验，1954 年贝尔实验室用单晶硅制造了第一台商用光伏电池，这奠定了当前半导体光伏电池的发展基础。当时由于昂贵的成本，这些设备只应用于军事和航空项目中。在接下来的时间里，随着新技术的产生，这类电池开始进入更多的消费市场。

当一个半导体材料暴露在阳光下时，光子和价带中电子的相互作用将使电子跃迁到导带中。这个现象使得半导体内部形成电子空穴对并在结两端的电极间产生电压降。所以，暴露于阳光下会产生电子空穴对的 p-n 结二极管即半导体光伏电池。

在光的照射下，价带电子能量增加跃迁到导带。由于内建电动势，电子扩散到 n 型半导体，空穴扩散到 p 型半导体。如果两电极间有电线连接，电子从 n 型半导体流向 p 型半导体并建立平衡。这也是光照下持续电流产生的过程。

在直接导电中二极管的 I-U 关系表示如下：

$$I_D = I_0 \left[\exp\left(\frac{qU}{NKT} \right) - 1 \right] \qquad\qquad (4.6)$$

式中，q 为电荷电量；K 为玻尔兹曼常数，$K = 1.38 \times 10^{-23}$ J/K；T 为绝对温度；I_0 为二极管反向饱和电流；N 为 1 和 2 之间的系数，取决于耗尽层中复合的现象。$U_T = KT/q$，即所谓的热电压。

I_0 的表达式为

$$I_0 = A_0 T^3 \exp\left(\frac{-E_g}{KT}\right) \tag{4.7}$$

式中，A_0 是常数，它取决于所选择的半导体类型。

为了分析光照下 p-n 结的性能，我们以单二极管进行研究（见图 4.4）。

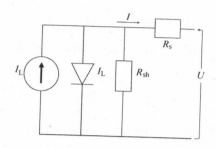

图 4.4　光伏电池单二极管模型的等效电路

根据基尔霍夫定律，受光照射的电池方程变为

$$I = I_L - I_D - IR_{sh} = I_L - I_0\left[\exp\left(\frac{U+IR_s}{a}\right) - 1\right] - \frac{U+IR_s}{R_{sh}} \tag{4.8}$$

式中，I_L 正比于产生光伏效应的光子数。$a = NKT/q$。R_s 是等效串联电阻，它包含电池内部电阻、电接触间的欧姆电阻等。在高辐射情况时，串联电阻引起的电压降会严重影响输出电量。R_{sh} 为等效并联电阻，主要来自非理想的制造工艺和内部缺陷，会造成电流分流，能量损耗。尤其在低辐射情况下，电流分流会降低电池的输出电压。

图 4.5 是一个光伏电池的 I-U 特性曲线。在开路时电压 U 到达最大值 U_{oc}，在短路情况下电流为 I_{sc}。

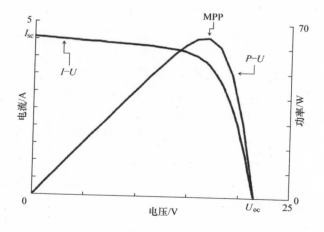

图 4.5　光伏电池的 I-U 和 P-U 特性曲线

在短路情况下电压为 0，电流 $I = I_{sc}$，此时方程变为

$$I_{sc} = I_L - I_0 \left[\exp\left(\frac{I_{sc} R_s}{a} \right) - 1 \right] - \frac{I_{sc} R_s}{R_{sh}} \qquad (4.9)$$

在开路情况下 $I_{sc} = 0$，$U = U_{oc}$，此时方程为

$$0 = I_L - I_0 \left[\exp\left(\frac{U_{oc}}{a} \right) - 1 \right] - \frac{U_{oc}}{R_{sh}} \qquad (4.10)$$

在最大功率点（Maximum Power Point, MPP），即对应于坐标（I_{MP}，U_{MP}），方程为

$$I_{MP} = I_L - I_0 \left[\exp\left(\frac{U_{MP} + I_{MP} R_s}{a} \right) - 1 \right] - \frac{U_{MP} + I_{MP} R_s}{R_{sh}} \qquad (4.11)$$

在最大功率点时，功率 P 对电压 U 的导数为 0（见图 4.5），有

$$\left. \frac{\mathrm{d}P}{\mathrm{d}U} \right|_{P = P_{MPP}} = 0 = I_{MP} + U_{MP} \left. \frac{\mathrm{d}P}{\mathrm{d}U} \right|_{I = I_{MP}} \qquad (4.12)$$

因此

$$\left. \frac{\mathrm{d}I}{\mathrm{d}U} \right|_{I = I_{MP}} = \frac{-\dfrac{I_0}{a} \exp \dfrac{U_{MP} + I_{MP} R_s}{a} - \dfrac{1}{R_{sh}}}{1 + \dfrac{I_0 R_s}{a} \exp \dfrac{U_{MP} + I_{MP} R_s}{a} + \dfrac{R_s}{R_{sh}}} \qquad (4.13)$$

填充因子 FF 是电池品质的量度：

$$FF = \frac{I_{MP} U_{MP}}{I_{sc} U_{oc}} \qquad (4.14)$$

填充因子越接近 1，电池的品质越优秀。

另一个评估电池性能的重要指标是转化效率 η，它的值定义为电池最大输出电功率与单位面积 G_T 的入射光功率之比：

$$\eta = \frac{I_{MP} U_{MP}}{G_T A} \qquad (4.15)$$

在分子分母分别乘上（$qU_{oc} I_{sc} E_g$），得到

$$\eta = \frac{I_{MP} U_{MP} q U_{oc} I_{sc} E_g}{G_T A \quad q U_{oc} I_{sc} E_g} = \frac{I_{sc} E_g}{q A G_T} \left(\frac{I_{MP} U_{MP}}{I_{sc} U_{oc}} \right) \frac{q U_{oc}}{E_g} \qquad (4.16)$$

表明转换效率和填充因子之间的关系。电池的性能越好，填充因子越接近 1，转化效率越高。

4.4　其他电池技术

以上单二极管模型只适用于晶体硅电池。其他半导体材料根据相应结构和物

理特性有不同的模型。例如，基于非晶硅（a:Si）的模型。非晶硅是由二或三结半导体结串联，或用如镉、碲、铜、铟、镓和硒等元素掺杂的半导体。通过组合不同掺杂元素的结，可以得到 CdTe、CIGS、CIS 等电池。这些半导体以非晶薄膜的形式层状堆叠。

非晶硅结由于本征结（p-i-n 结）的存在，因此存在一个与其他不同的适用于 a:Si 膜电池的模型[9]。在 p-i-n 结中，由于 i 层的复合损失，引入漏电流的概念，它是光电流和电池电压的函数。

$$I_{rec} = I_L - \frac{d_i^2}{\mu_{eff}(U_{bi} - U - IR_s)} \tag{4.17}$$

式中，d_i 为 i 层的厚度；μ_{eff} 为载流子的扩散长度；U_{bi} 为结的内建电压（对于 a:Si，为 0.9V）。

4.5 转换损失

光伏电池只能将入射辐射中的一小部分转换为电能。例如，多晶硅光伏电池的能量转换效率大约为 14%，单晶硅电池的转换效率稍高，为 17%。薄膜电池的效率为 10% ~ 11%，最近的一些新技术似乎可以使其效率超过 25% ~ 30%。

一部分入射光辐射会被前金属电接触反射或由于入射角太小损失。这些反射光无法穿过玻璃进入结中激发电子。

不同频率的入射光子拥有不同的能量，所以并非所有光子都能将电子激发到导带。能够激发电子的最大光子波长 λ_{max} 由下式得到：

$$\lambda_{max} = \frac{hc}{E_g} \tag{4.18}$$

式中，E_g 为带隙；h 为普朗克常量；c 为光速。硅的 $\lambda_{max} = 1.11\mu m$，由表 4.1，光谱中 22% 的能量无法产生电子-空穴对。这部分能量会以热能的形式耗散，同时使电池温度升高并提高欧姆电阻。

表 4.1 太阳能的光谱分布

波长/μm	百分数
$0.3 < \lambda < 0.5$	17%
$0.5 < \lambda < 0.7$	28%
$0.7 < \lambda < 0.9$	20%
$0.9 < \lambda < 1.1$	13%
$\lambda > 1.1$	22%

相反，能量过高的电子会直接穿过电池结构而不激发结中的电子。光入射能量的吸收分数可计算如下：

$$\frac{E_{absorbed}}{E_{incident}} = 1 - \exp(-\alpha d) \tag{4.19}$$

式中，d 为光子在晶体结构中被吸收前经过的距离；α 是一个限定值，取决于入射光的波长。α 越低，光子的穿透深度越深。

由于复合作用的存在，并非所有的电子-空穴对都能扩散到电极上。

结深在光伏电池设计中很重要。电子扩散长度就是电子从激发至导带开始到最终复合所经历的平均距离。结深可以按照扩散长度的估计值或测量值作相应的增减。为了改善高频光子的吸收，应当维持结足够深；而为了减少复合，应当缩小结深，因此要作综合衡量。基于上述考虑，结深通常为 $0.2 \sim 0.4 \mu m$。

最后，如之前所说，寄生电阻也会造成能量损失。

4.6 *I-U* 曲线中的变化

电池的 *I-U* 曲线受入射光辐射和光伏电池的温度影响。如果太阳辐照度增加，短路电流 I_{sc} 增加，而开路电压无明显变化（见图 4.6）。所以，太阳辐照度增加时，电池转换效率增加。

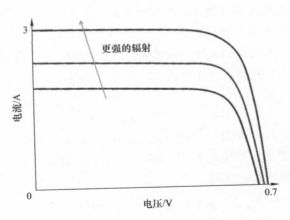

图 4.6　40℃时随着辐射的不同 *I-U* 曲线的变化

电池温度的升高会使开路电压 U_{oc} 降低，短路电流 I_{sc} 微微变化（见图 4.7）。所以，电池温度升高时，电池转换效率下降。

因此，合适的天气条件应该提供高的太阳辐照度，同时能帮助保持电池在较低的温度下工作。

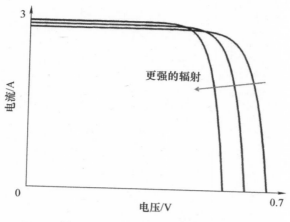

图 4.7　不同温度下的 $I\text{-}U$ 曲线

4.7　光伏电池和组件

半导体光伏系统的基本组成部分是电池。对于晶体硅，电池几何形状通常为 100cm^2 的方形，能产生 $3\sim7A$ 的电流、$0.5V$ 的电压。标准情况下输出功率为 $1.5W$。

为了得到想要的输出电压和电流，需要将电池串联或并联，组装成光伏组件。为了保证在太阳光通过的同时保护电池，需要在组件上覆盖一层厚约 4mm 的钢化玻璃。覆盖玻璃的机械性能应保证能抵挡例如冰雹冲击的气候影响。为保证光的穿过，覆盖玻璃应尽量降低含铁量并具有氧化钛涂层。

将透明的乙烯-乙酸乙烯酯（EVA）薄层填充在玻璃和光伏电池之间，避免两者的直接接触并排除空隙。在组件背面同样叠加一层 EVA，用杜邦薄膜包裹。组件通常用铝廓作为框架。

电池之间用金属细条连接，外部则连接到一个有旁路二极管的盒子来保护电池。

在一个组件里，电池被连接在一起，同时有旁路二极管以防止非转换电流流过电池。非转换电流可能会在组件表面产生局部的阴影，或对电池造成损伤。在这种情况下，由其他电池产生的电流可能流过不在工作的电池并令其升温，对组件产生潜在的危害。

组件也可以串联或并联成光伏电站来产生需要的输出功率。图 4.8 展示了一个光伏电站中组件的连接布局。旁路二极管可以被看作是串联在组件中。电气保护（如熔丝）安装在每串组件顶端。

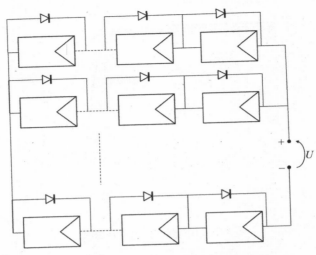

图 4.8　光伏系统中一个组件的连接布局

由于光伏组件产生的能量非常依赖于温度和入射辐照度，为了比较不同电池和组件的工作性能，我们引入一个计量单位——瓦峰值（W_p）。瓦峰值显示了标准测试条件（STC）下组件输送的功率，即：

1）电池温度 = 25℃；

2）太阳辐射强度 = $1 kW/m^2$；

3）AM = 1.5。

如果不同性能的组件串联在一起，整个系统的输出将由性能较低的组件决定。这个问题被称为失配，故通常选用性能相近的组件连接以避免失配。组件之间的特性差异可以通过测量伏安曲线和主要电参数来进行标准条件性能测试（flash-tests，闪光测试）来获得。

把组件表面遮盖是让一个光伏组件不向外输出功率的唯一办法。当出现起火或其他紧急情况需要停止电站输出电压时，可以使用这种措施。为减少安全隐患，必须采取特殊的解决办法。

4.8　光伏电站的种类

一个光伏系统包括光伏发电机、控制系统和电源调节器。根据连接到电网的不同方式，这些系统可分为独立电站和并联电站。

独立光伏系统向电网外的负载提供电力。通常，它们面向如山中小屋、电信站、街道路灯、发展中国家的抽水站和其他电网到达不了的地方。为了保证电力供应的连续性，还必须采用能量储存系统如电池、电化学蓄电池，并有相关部门监管。

并网光伏系统则直接向电网提供电力。由于电网本身能保证供电的持续性，不需要能量储存系统。在这种情况下，光伏电站并不需要根据负载控制自身规模，这给了光伏电站结构设计更多的灵活性和建设自由。

光伏电站的规模可从很小的几 kW_p 量级住宅型设备到数 MW_p 量级的大型设备。图 4.9 展示了一个安装在固定网格结构上的大规模地面光伏电站。

图 4.9　基于地面的光伏电站[10]

这些光伏系统的面板可以是固定的或者配备跟踪装置。固定型面板设在一个静态的支架上。如果电网配备了跟踪装置，组件表面能随着一天中太阳的位置逐渐转动，以获得最多的入射辐射能量。

图 4.10 是一个通用的光伏发电系统的电气架构。组件串联到逆变器上，通常配有保护装置如阻尼二极管、熔断器或断路器，因此当逆变器不能正常工作时没有反向电流流过组件串。同时，需要一个对电缆进行保护的装置以防短路时过大的电流烧坏电缆。在组件串的保护装置外，直流断路器能够在系统维护或出现安全问题时断开光伏电路，即便系统处于太阳辐射状态。逆变器将直流电转换为交流电供给负载或电力分配网络。电涌保护器（SPD）能保护逆变器免受电涌时

过电压冲击。在交流电方面，一系列的断路器能保证交流线路按正常的电路设计工作。计量装置用于计算光伏电站转换的能量。最后，如果需要将电能注入中压或高压电网，则需要变压器。

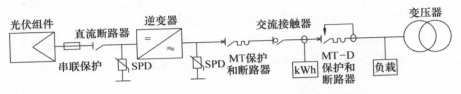

图 4.10　光伏电站直流和交流端建筑构架示意图[12]

在这样的电路中，逆变器和变压器的能量转换损耗将计入系统的总功率损失中。由于它们拥有较高的转换效率（逆变器为 94% ~ 98%，变压器为 97% ~ 98%），故实际的功率损失非常低。

4.9　表面接收的辐射

为了提升能量转换效率，组件的表面朝向必须合理定位以获得最大可能的太阳辐射。以下角度和公式能确保光伏组件表面获取最大的太阳辐射。

太阳的仰角 h（和它的余角 z，天顶距）是处于太阳位置和水平面之间的观察者观察太阳的角度（对于 z，则垂直于水平面）。

方位角 α 是太阳在地平面上的角度。通常把北方设为方位角 0°，南方为 180°。

倾斜角 β 是接收表面和水平面间形成的角度。

纬度 ϕ 是当地正处的纬度位置。

太阳赤纬角 δ 是太阳光和赤道平面形成的角度，当太阳处于平面之上时取正，在平面之下时取负。它以一年中具体的天数计算：

$$\delta = 23.44° \times \sin\left[\frac{360°(284+n)}{365}\right] \tag{4.20}$$

式中，n 为一年中的天数。

太阳时角 ω 是太阳在正午时刻的位置和在天空中沿着运行轨迹其他位置之间的角距离。由于地球每小时自转 15°，在正午之前 ω 为正值，且

$$\omega_s = \cos^{-1}(-\tan\phi\tan\delta) \tag{4.21}$$

为黎明时的时角。

光伏电池面总的太阳辐照度 $G_T(\text{W/m}^2)$ 按下式计算：

$$G_T = G_b R_b + G_d R_d + G_g R_r \tag{4.22}$$

式中，G_b 为水平面上的直接太阳辐照度；G_d 为扩散太阳辐照度；G_g 为反射辐照度，其值为

$$G_g = G_b + G_d \tag{4.23}$$

R_d 和 R_r 为组件表面接收的扩散和反射的分数：

$$R_d = \frac{1 + \cos\beta}{2} \qquad R_r = \rho\,\frac{1 - \cos\beta}{2} \tag{4.24}$$

ρ 为表面反射系数（或反照率），取决于光伏组件选用的表面类型（见表 4.2）。

表 4.2　一些不同地面的反照率值

地 面 类 型	反 照 率
雪地	0.75
草地	0.29
土壤	0.14
沥青	0.13

R_b 为直接太阳辐射的倾斜常数。当接收光的表面完全面向南方时（$\alpha = 180°$），R_b 为[一]

$$R_b = \frac{\sin\delta\sin(\phi-\beta) + \cos\delta\cos\omega\cos(\phi-\beta)}{\sin\phi\sin\delta - \cos\phi\cos\delta\cos\omega} \tag{4.25}$$

为了在光伏组件上计算太阳辐照度，有必要知道在水平面上每个小时的直接辐射和扩散辐射。这些值可由下列方程得到：

$$G_b = \frac{180°}{24}H_{bo}\frac{\sin\delta\sin\phi + \cos\delta\cos\omega\cos\phi}{\omega_s\sin\delta\sin\phi - \cos\delta\cos\omega_s\cos\phi} \tag{4.26}$$

$$G_d = \frac{180°}{24}H_{do}\frac{\cos\omega - \cos\omega_s}{\sin\omega_s - \omega_s\cos\omega_s} \tag{4.27}$$

式中，H_{bo} 为地平线上的月平均每日直接辐射（kWh/m²）；H_{do} 为月平均每日扩散辐射。

太阳辐射也受当地的地理位置影响。太阳辐射的大小一般采用一个月的平均数据，为了简化，通常采用一个月中最具标志性的一天（即定义为一个月最能代表当地天气和太阳辐照特性的一天）来计算。

4.10　工作点的选择

如前所述，可以用单二极管模型来计算一个光伏电池的工作性能，方程为

[一]　对于任一 α 值，该公式的分子变为（$\sin\delta\sin\phi\cos\beta - \sin\delta\cos\phi\sin\beta\cos\alpha + \cos\delta\cos\phi\cos\beta\cos\omega + \cos\delta\sin\phi\sin\beta\cos\alpha\cos\omega + \cos\delta\sin\beta\sin\alpha\sin\omega$）。

$$I = I_L - I_D - I R_{sh} = I_L - I_0 \left[\exp\left(\frac{U + I R_s}{a} \right) - 1 \right] - \frac{U + I R_s}{R_{sh}} \tag{4.28}$$

式中，I_L、I_0、a、R_s、R_{sh} 取决于制造技术、电池温度和入射的太阳辐射。

这 5 个参数可以从光伏电池的特征曲线得到。而这些数据来自于标准条件（STC）的闪光测试：

1）短路电流 $I_{sc,STC}$；

2）开路电压 $U_{oc,STC}$；

3）最大输出功率点的电流和电压 $I_{MP,STC}$，$U_{MP,STC}$；

4）对于电流 $I_{x,STC}$，$U_{x,STC} = 0.5 U_{oc,STC}$；

5）对于电流 $I_{xx,STC}$，$U_{xx,STC} = 0.5(U_{oc,STC} + U_{MP,STC})$；

为了在标准条件下评估这 5 个参数，需要构造 5 个非线性方程对 5 个未知参数 $I_{L,STC}$、$I_{0,STC}$、a_{STC}、$R_{s,STC}$、$R_{sh,STC}$ 求解：

$$
\begin{cases}
I_{sc,STC} = I_{L,STC} - I_{0,STC} \left[\exp\left(\frac{I_{sc,STC} R_{s,STC}}{a_{STC}} \right) - 1 \right] - \frac{I_{sc,STC} R_{s,STC}}{R_{sh,STC}} \\[2mm]
0 = I_{L,STC} - I_{0,STC} \left[\exp\left(\frac{U_{oc,STC}}{a_{STC}} \right) - 1 \right] - \frac{U_{oc,STC}}{R_{sh,STC}} \\[2mm]
I_{MP,STC} = I_{L,STC} - I_{0,STC} \left[\exp\left(\frac{U_{MP,STC} + I_{MP,STC} R_{s,STC}}{a_{STC}} \right) - 1 \right] - \frac{U_{MP,STC} + I_{MP,STC} R_{s,STC}}{R_{sh,STC}} \\[2mm]
I_{x,STC} = I_{L,STC} - I_{0,STC} \left[\exp\left(\frac{U_{x,STC} + I_{x,STC} R_{s,STC}}{a_{STC}} \right) - 1 \right] - \frac{U_{x,STC} + I_{x,STC} R_{s,STC}}{R_{sh,STC}} \\[2mm]
I_{xx,STC} = I_{L,STC} - I_{0,STC} \left[\exp\left(\frac{U_{xx,STC} + I_{xx,STC} R_{s,STC}}{a_{STC}} \right) - 1 \right] - \frac{U_{xx,STC} + I_{xx,STC} R_{s,STC}}{R_{sh,STC}}
\end{cases}
$$

$$\tag{4.29}$$

由于电池不可能在完全标准条件下工作，有必要确定这些参数在可能的温度和辐照条件下的数值。为此可使用以下方程，第一个方程为

$$I_L = \frac{G_T}{G_{T,STC}} \left[I_{L,STC} + \mu_{I_{sc}} (T_p - T_{p,STC}) \right] \tag{4.30}$$

式中，G_T 为总的辐照度（W/m^2）；$G_{T,STC} = 1000 W/m^2$；$\mu_{I_{sc}}$ 为相对于温度短路电流的斜率；T_p 为电池温度；$T_{p,STC}$ 为标准条件下的温度（25℃）。第二个方程为

$$I_0 = I_{0,STC} \left(\frac{T_p}{T_{p,STC}} \right)^3 \exp\left[\frac{E_g N_s}{a_{STC}} \left(1 - \frac{T_{p,STC}}{T_p} \right) \right] \tag{4.31}$$

式中，E_g 为电池材料的带隙；N_s 为连接在一起的电池数。

其他参数由下式给出：

$$a = a_{STC} \frac{T_p}{T_{p,STC}} \tag{4.32}$$

$$R_s = R_{s,STC} \tag{4.33}$$

$$R_{sh} = R_{sh,STC} \frac{G_{T,STC}}{G_T} \tag{4.34}$$

在一个光伏系统中，有一种设计算法［最大功率点跟踪（MPPT）］能够保证工作点处在符合 *I-U* 曲线的输送功率或最大可用功率处。这可以通过以下方程求解：

$$\begin{cases} I_{MP} = I_L - I_0 \left[\exp\left(\frac{U_{MP} + I_{MP}R_s}{a} \right) - 1 \right] - \frac{U_{MP} + I_{MP}R_s}{R_{sh}} \\ \left. \frac{dP}{dV} \right|_{P=P_{MPP}} = 0 = I_{MP} + U_{MP} \frac{-\frac{I_0}{a}\exp\left(\frac{U_{MP} + I_{MP}R_s}{a} \right) - \frac{1}{R_{sh}}}{1 + \frac{I_0 R_s}{a}\exp\left(\frac{U_{MP} + I_{MP}R_s}{a} \right) + \frac{R_s}{R_{sh}}} \end{cases} \tag{4.35}$$

同一面板上电池的温度 T_p 可以通过热平衡或下式得到：

$$T_p = T_{p,b} + \frac{G_T}{G_{NOCT}} \Delta T_{p,NOCT} \tag{4.36}$$

式中，$\Delta T_{p,NOCT}$ 为标准条件下电池与面板背面之间的温度差值；G_{NOCT} 为在额定电池工作温度下的总入射辐射（$G_{NOCT} = 800 \text{W/m}^2$，$T_a = 20\text{℃}$）。$T_{p,b}$ 为组件的背面温度，由以下线性回归方程给出：

$$T_{p,b} = T_a + \exp(a_c + b_c W_s) \tag{4.37}$$

式中，T_a 为环境温度；a_c 和 b_c 为组件的两个经验常数；W_s 为风速。

为得到环境温度，可使用下式：

$$T_a = 0.5 \left[(T_{a,max} + T_{a,min}) + (T_{a,max} - T_{a,min}) \sin\frac{2\pi(t - t_p)}{24} \right] \tag{4.38}$$

式中，t 为当天测量温度时的小时数；t_p 为温度达到最大值（$T_{a,max}$）和最小值（$T_{a,min}$）之间的小时数。和评估每月太阳可用概率一样，可以参考每月平均温度得到 $T_{a,max}$ 和 $T_{a,min}$。每月平均数值可从气象数据库得到，t_p 可从专业气象网站得到。

通过这种方法能够得到每串组件的特征参数，并由此确定整个光伏系统的工作点。

参 考 文 献

1. Cooper P I (1969) The absorption of solar radiation on solar stills. Solar Energy 12 (3):333–346
2. Duffie J D, Beckman W A (1980) Solar Engineering of Thermal Processes. Wiley, New York
3. Garg H P (1982) Treatise on Solar Energy. Wiley, New York
4. Green M A (1998) Solar cells: Operating Principles, Technology and System Applications. University of New South Wales

5. King D L (2004) Photovoltaic Array Performance Model. Sandia National Laboratories in Albuquerque, New Mexico, Report 87185–0752

6. Lasnier F, Ang T G (1990) Photovoltaic Engineering Handbook. Hilger, Bristol

7. Liu B Y H, Jordan R C (1963) The long term average performance of flat plate solar energy collectors. Solar Energy 7:53–70

8. Luque A, Hegedus S Eds (2003) Handbook of Photovoltaic Science and Engineering. John Wiley & Sons Ltd, Chichester

9. Mertens J, Asensi J M, Voz C, Shah A V et al (1998) Improved equivalent circuit and analytical model for amorphous silicon solar cells and modules. IEEE Transactions on Electron Devices 45(2):423-429

10. OhWeh (photographer) [CC-BY-SA-2.5 (www.creativecommons.org/licenses/by-sa/2.5)], via Wikimedia Commons, http://commons.wikimedia.org/wiki/File:SolarparkTh%C3 %BCngen-020.jpg

11. Scheer H (1999) Solare Weltwirtschaft. Verlag Antje Kunstmann GmbH, München

12. Zini G, Mangeant C, Merten J (2011) Reliability of large-scale grid-connected photo-voltaic systems. Renewable Energy 36 (9):2334–2340

第5章 风　　能

　　风能，与太阳辐射能一样，代表了混合可再生能源系统中一种重要的能量来源。风力发电机把风的动能转化为可以即时入网或者能够储存的电能。但是因为风能依旧是高度不稳定的，所以需要一套妥善的储存方案以保证供电的可靠性。

5.1　简介

　　太阳光辐射到地球并对全球大气进行有差别的加热。由于地球各处受热不均，空气在赤道与两极之间形成的温度梯度会造成大气压的不同，从而引起大气的对流运动形成风。

　　风所具有的动能能够被风力发电机（见图5.1）捕获，并转化成电能。其中风力发电机通常包含如下的组成部分：

　　1）塔架；

　　2）风轮；

　　3）机舱；

　　4）发电机；

　　5）制动系统；

图5.1　风电场中的风力发电机[6]

6）齿轮变速器；

7）控制系统。

塔架通常建成管状或桁架结构，支撑着机舱和风轮叶片，保证其所需的运行高度。塔架的基座和固定结构因其安装地点的地形不同而有所变化。

风轮包括轮毂和叶片，其中后一组件通常用玻璃纤维制成。叶片被设计成流线型外形，从而当风吹过时，叶片能够转动起来。风轮通过风轮轴与许多安装在机舱内部的子系统相连，机舱内部承载转化风能的机械和电力系统。传动轴通过齿轮变速器将叶片的旋转动能传递到发电机，利用发电机把叶片的旋转机械能转化成电能。

制动系统可以是机电型或者液压型的。制动系统必须能在紧急情况下使风轮停下，或者能够控制风轮在安全的转速范围内转动。制动系统还必须具备运行制动功能以隔离各工作部件之间的联动。

齿轮变速器将风轮的低倍转速转换成更高的转速以驱动发电机发电。

控制系统起调节叶片和风轮位置的作用，使风能的转换效率最高。为避免出现风力发电机运行时超出安全转速，而破坏结构完整性的情况，控制系统也要起激活制动系统的应急和制动的功能。偏航系统（类似于尾鳍或一个更加复杂的动力系统）可以保证风轮能够对准风向。

5.2 风的数学描述

在离地面的高度 z 上的风速 v 可以用以下的数学式描述：

$$v_2 = v_1 \left(\frac{z_2}{z_1} \right)^{\alpha} \tag{5.1}$$

式中，v_1 和 z_1 分别是参考速度和参考高度；α 是地表的粗糙度系数（见表5.1）。

表5.1 不同地表的粗糙度系数

地 表 类 型	粗糙度系数
湖泊、海洋、坚硬的平地	0.01
有高的草本植物覆盖的地面	0.15
高的农作物、树篱丛、灌木丛	0.20
密集的森林地带	0.25
有树木和灌木丛的小城市	0.30
有高层建筑物的城市	0.40

在计算气流的能量分布时，常把风速划分成 k 个具有相同风速间隔 Δv 的区间，区间的风速由中值表示，在一段时间 t_i 内测得平均风速 v_i 后，按照风速区

间进行归属，然后通过计算即可获得风频分布。其中每一个区间出现的频率 h_i 由下式计算：

$$h_i = \frac{t_i}{\sum_{i=1}^{k} t_i} \tag{5.2}$$

图 5.2 是一幅以条形图表示的频率分布图，图中的条形分布可以通过一个概率密度函数（PDF）来拟合。

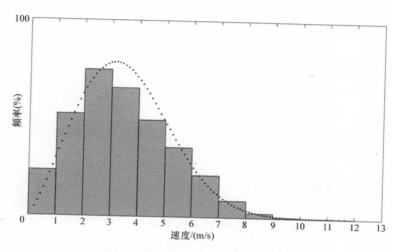

图 5.2　风频（即风速的频率）分布图

风频分布曲线可以用威布尔（Weibull）分布函数来描述：

$$h(v) = \left(\frac{k}{c}\right)\left(\frac{v}{c}\right)^{k-1} \exp\left[-\left(\frac{v}{c}\right)\right]^k \tag{5.3}$$

式中，c 是尺度参数，随着高风速天数的增加而增大。k 的值决定了曲线的形状，亦即熟知的形状参数。根据以往的观测结果，在大多数地点里，最接近威布尔分布函数所描述的频率分布是瑞利（Rayleigh）分布函数（在特殊情况 $k=2$ 时的威布尔分布函数）。在一个随机二维向量（例如速度和方向）的两个分量呈独立的、有着相同的方差的正态分布时，这个二维向量的模的连续概率密度呈瑞利分布。在一个瑞利分布里，风速低于平均值的日数多于风速高于平均值的日数。瑞利分布函数可由下式表示：

$$h(v) = 2\left(\frac{1}{c}\right)^2 v \exp\left[-\left(\frac{v}{c}\right)^2\right] \tag{5.4}$$

图 5.3 展示的是尺度系数 c 在不同数值下对应形状的瑞利分布函数。

在大多数的风电场中，k 值的变化范围在 1.5～2.5，而 c 在 5～15m/s 的范围内取值。

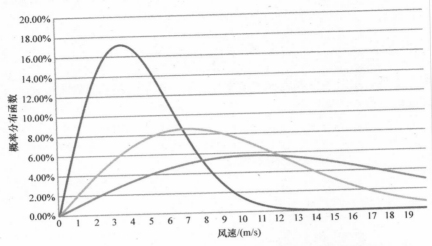

图 5.3 根据三个不同的比例因子 c 而绘制的瑞利分布函数曲线

5.3 风的等级划分

实际的风力发电系统的设计取决于风力等级的不同（见表5.2）。在相同的功率输出情况下，相对于低风力等级下运行的风力发电机，在高等级风力下运行的风力发电机通常具有更大的风轮直径和更高的塔架高度。

表5.2 风级

级 别	I	II	III	IV
50年内记录的10min持续时间里的平均最大速度/(m/s)	50	42.5	37.5	30
平均速度/(m/s)	10	8.5	7.5	6

具体地点上风速的改变受到很多因素的影响，如地表类型、地表形貌、观测高度和观测周期。在考虑风电场的选址时就需要考虑上述因素，此外还要考察候选地点的中长期风速特性，原因是典型的风速特性在这么长的时间内可能会发生变化。

理想情况下，一个具体地点的风速应该经过一个长期（通常不少于10年）的观测后确定。如果当地风速的历史数据不可用时，再进行这种长期观测显然是不切合实际的，解决这个问题的办法是利用测量、关联和预测的方法（MCP）。首先，将一年内观测得到的风速数据整合，再跟另一个邻近地点的历史数据进行比较。然后利用两者的比较分析结果来估算候选地点在一个大于一年时间的周期内的风速值。

5.4 风力发电机的数学模型

根据流体动力学理论，速率为 v_1 的风扫过一个表面积为 A 的区域时，功率可由下式表达：

$$P_w = \frac{\rho}{2} A v_1^3 \qquad (5.5)$$

式中，ρ 是空气的比质量，作为同等质量的空气下温度和压力的函数。利用此公式就有可能计算出功率以及能量的概率密度函数。由于功率正比于风速的 3 次方，因此功率概率密度函数的模式速度不同于风速概率密度函数的模式速度⊖。设计的风力发电机须尽可能多地捕获风能，因此设计风力发电机时就需要考虑功率概率密度函数而非风速概率密度函数。

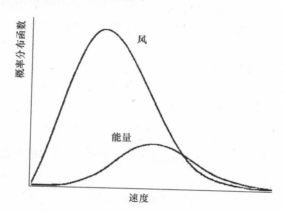

图 5.4 风速和能量分布的关系

空气密度按照气体定律随着气压和温度的改变而变化。不同的海拔对应不同的气压和温度，随之而变的空气密度正是合理选址以及正确设计风电场的一个重要参数。始于海平面的测量数据表明，在海拔 6000m 以下的位置的空气密度可以用如下的经验公式表示：

$$\rho = \rho_0 \exp^{\frac{-0.297}{3048} H_m} \qquad (5.6)$$

式中，H_m 为风电场所在地的海拔。

关系式（5.6）可以简化为

$$\rho = \rho_0 - 1.194 \times 10^{-4} H_m \qquad (5.7)$$

⊖ 模式速度是从概率密度函数中得到的速度，此处的模式就是概率密度函数假设的最大值。

在一个类似的经验公式里，温度随着高度的改变可由下式表示：

$$T = 15.5 - \frac{19.83}{3048} H_{\mathrm{m}} \tag{5.8}$$

而可利用的机械能 P 能够通过引入功率系数 c_P 来表示，即下式：

$$P = c_P P_{\mathrm{w}} = c_P \frac{\rho}{2} A v_1^3 \tag{5.9}$$

由于通过风轮的风的部分动能将转变成风轮的旋转运动动能，因此进入风轮前的风速低于通过风轮后的风速。假设将进入前的持续风速 v_1 视为单位 1，那么通过风轮后的风速 v_2 可以近似地认为是 v_1 和在风力发电机足够远处测得的风速 v_3 的平均值。可以预测当在理论上产生最大能量输出时，$v_3/v_1 = 1/3$。在这种情况下，$c_P = 0.59$，亦即熟知的贝茨（Betz）理论的极限值。然而在实际应用中，这个值会因为风在空气动力学上的损失而减少到 0.4 ~ 0.5 之间。

机械传动时的非理想匹配以及摩擦会进一步地减少可利用的机械能。另一种的能量损耗方式出现在机械能通过轴传送到发电机的转子上时，此时发电机将机械能转化成电能。

伯努利（Bernoulli）方程可表示为

$$\dot{m} \left[\frac{v_2^2 - v_\infty^2}{2} + g(z_2 - z_\infty) + \int_\infty^2 u dp + L' + R' \right] \approx \dot{m} \left(\frac{v_2^2 - v^2}{2} + L' + R' \right) = 0 \tag{5.10}$$

式中，$\dot{m}$ 为空气的质量流率；v 为风速；L 为所做的功；R 为摩擦损耗；u 为体积；p 为压力。

假设 $z_2 = z_\infty$ 以及 $p_2 = p_\infty$，可以得到以下结果：

$$P = \dot{m} L' = \dot{m} \left(\frac{v^2 - v_2^2}{2} - R' \right) \tag{5.11}$$

当将连续性方程应用到风时，并假设 $R' = 0$ 以及引入关联系数 $a(0 \sim 0.5)$ 从而得到 $v_2 = v_1(1 - a)$ 和 $v_3 = v_1(1 - 2a)$，那么进一步计算得到

$$\frac{v^2 - v_2^2}{2} = \frac{v^2}{2} \left[1 - (1 - 2a)^2 \right] = 2a(1 - a) v^2 \tag{5.12}$$

$$\dot{m} = \rho v_1 A_1 = \frac{\pi}{4} (1 - a) \rho v D^2 \tag{5.13}$$

式中，D 为风轮的直径。

将式（5.12）和式（5.13）代入式（5.11）得到

$$P = \dot{m} \frac{v^2 - v_2^2}{2} = \frac{\pi}{2} a(1 - a)^2 \rho v^3 D^2 \tag{5.14}$$

风力发电机的效率由式（5.14）中的 P 值与通过表面积为 A 的区域的风所

具有的能量 P_{max} 的比值来评估。其中 P_{max} 的计算式为

$$P_{max} = \frac{\rho}{2}Av^3 = \frac{\pi}{8}\rho v^3 D^2 \tag{5.15}$$

因此效率的计算公式为

$$\eta = c_p = \frac{P}{P_{max}} = 4a(1-a)^2 \tag{5.16}$$

通过 $\eta(a)$ 对 a 求导并令得到的结果等于 0，那么得到 a 的值为 $1/3$，在这个 a 值下，对应的最大理论效率为 0.593。因此风力发电机的效率就是前述的功率系数 c_P。

叶尖速比（TSR）λ 是在模拟风力发电机的运行时很有用的一个参数。它等于叶尖速 v_t 与进入前的风速 v_1 的比值，其表达式如下：

$$\lambda = \frac{v_t}{v_1} = \frac{D\omega}{2}\frac{1}{v_1} \tag{5.17}$$

式中，D 是风轮扫掠面积的直径；ω 是叶片的角速度。其中 $D\omega/2$ 项为叶尖线速度。

在一个转动的机械系统中，功率可表示成扭矩与角速度的乘积。以角速度 ω 除式（5.9）并将式（5.17）代入得到

$$T = \frac{c_P\frac{\rho}{2}Av_1^3}{\omega} = \frac{c_P}{\lambda}\frac{\rho}{2}\frac{D}{2}Av_1^2 = c_T\frac{\rho}{2}\frac{D}{2}Av_1^2 \tag{5.18}$$

式中的系数 c_T 由下式表示：

$$c_T = \frac{c_P}{\lambda} \tag{5.19}$$

此即为扭矩系数。

功率 P 正比于风速的 3 次方而扭矩 T 正比于风速的 2 次方。

利用空气动力学分析风对叶片的作用，得到作用在叶片上的力包括升力 F_a 和拉力 F_w（见图 5.5）。

根据桨距角 α（α 是风的进入方向与叶片中位线之间的夹角），F_a 和 F_w 可以表示成

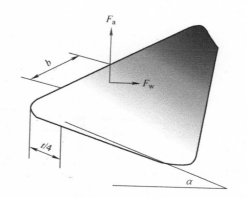

图 5.5　作用在叶片上各力的示意图

$$F_a = c_A(\alpha)\frac{\rho}{2}v_1^2 tb \tag{5.20}$$

$$F_w = c_W(\alpha)\frac{\rho}{2}v_1^2 tb \tag{5.21}$$

式中，t 和 b 分别为叶片的宽度和长度；F_a 为作用在风的法线方向上的力；F_w

为作用在与拉力系数 c_W 相同方向上的力。

系数 c_A 和 c_W 的值由叶片的总体设计以及桨距角确定。c_A 和 c_W 之间的比值称为滑行比。

按照贝茨（Betz）理论，由于进入风轮后的风速 v_2 为进入风轮前风速 v_1 的 2/3 以及对于风轮上给定的半径为 r 的点的速率为 $v(r) = \omega r$，这两个速度按照矢量合成得到风速 $c(r)$，如图 5.6 所示。

图 5.6　叶片轮廓上力的合成

对切向分量 $\mathrm{d}F_T$ 和轴向分量 $\mathrm{d}F_A$ 进行计算，可以得到作用于面积 $t\mathrm{d}r$（其中 t 为给定半径 r 处的叶片宽度，见图 5.7）上的增量 $\mathrm{d}F_A$ 和 $\mathrm{d}F_W$ 为

$$\begin{bmatrix} \mathrm{d}F_t \\ \mathrm{d}F_a \end{bmatrix} = \left(\frac{\rho}{2} c^2 t \mathrm{d}r \right) \begin{bmatrix} c_A \sin(\alpha) - c_W \cos(\alpha) \\ c_A \cos(\alpha) + c_W \sin(\alpha) \end{bmatrix} \tag{5.22}$$

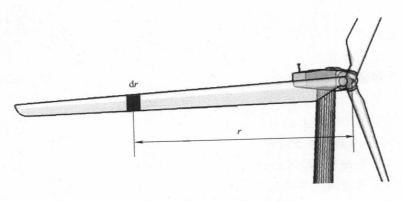

图 5.7　切向和轴向分量的计算区域

对风轮上切向分量的积分可以得到扭矩而对其轴向分量的积分可以获得作用于风轮轴向上的拉力。

在半径为 R 的叶片尖端上，角速度表示成 $v(R) = \omega R$，而相应的风速为

$$c(R) = v_2 \sqrt{1 + \lambda^2} \tag{5.23}$$

表5.3 列出了不同类型的风轮的功率系数和扭矩系数。

表5.3 相应 λ 值下，不同类型风轮的最大功率系数和扭矩系数

风轮数目	功率系数 c_P	扭矩系数 c_T
四叶	0.28 (2.3)	0.19 (1.2)
三叶	0.49 (7)	0.18 (2.3)
双叶	0.47 (10)	0.07 (7)
单叶	0.42 (15)	0.04 (14)

单叶或者双叶的风力发电机（使用所谓的快速风力发电机）在高的 λ 值下具有高的功率系数但低的扭矩系数。但快速风力发电机通常也是噪声源。目前只有三叶风力发电机能够提供最佳的整体性能，因而成为风电场的首选发电设备。

功率系数值由设计的叶片轮廓和最佳桨距角 α 决定，λ 值的减小会降低功率系数，而 λ 值的增加只能提高功率系数至最大值。在桨距角不变的情况下，增大叶尖速，升力将会减小而拉力会增大，叶片将失去控制。图5.8 和图5.9 展示的是在一个具有固定的 α 值以及最佳 λ 值（λ=6.5）设计的叶片情况下，一台三叶风力发电机的功率系数 c_P 和扭矩系数 c_T 随 λ 值的变化规律。

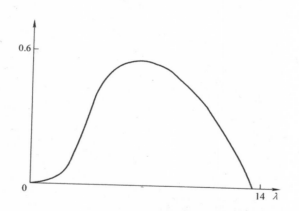

图5.8 三叶风轮的功率系数

图5.10 表示的是一台三叶风力发电机的拉力系数 c_W 作为 λ 的函数图像。功率 P、扭矩 T 和轴向拉力 S 可由下式计算：

$$P = c_P(\lambda) v_1 \frac{\rho}{2} \frac{D^2 \pi}{4} v_1^2 \tag{5.24}$$

$$T = c_T(\lambda) \frac{D}{2} \frac{\rho}{2} \frac{D^2 \pi}{4} v_1^2 \tag{5.25}$$

$$S = c_W(\lambda) \frac{\rho}{2} \frac{D^2 \pi}{4} v_1^2 \tag{5.26}$$

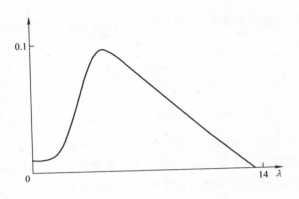

图 5.9   三叶风轮的扭矩系数

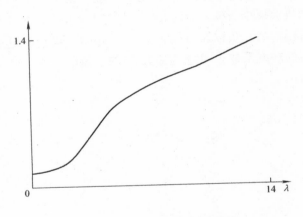

图 5.10   三叶风轮的拉力系数

5.5   功率控制及其系统设计

为了控制风力发电机的功率输出，避免出现叶片转速超过设计上限而对整个结构造成过载的情况，叶片的桨距角 α 必须能够调整。叶片受液压或电动变桨系统控制，这个系统能够通过增大叶片的桨距角来减小功率和扭矩系数。然而当叶片的桨距角超过一定的上限时，气流将会从层流变成湍流，从而导致叶片失去控制，转速降低。

图 5.11 中的曲线表明，当风速低于下限时，风力发电机不能对外输出电能，这个下限通常为 3 ~ 4m/s，称为截止风速。在截止风速和额定风速之间，曲线按照风速的 3 次方增大。当达到额定风速或者更大的风速时，风力发电机控制系统

将保持恒定的输出功率。为保证风力发电系统的结构完整性，当风速超过一定的阈值（也被称为切出风速）时，风力发电机将会自动关闭，而这个阈值（通常设定为25m/s左右）由所设计的风力发电系统确定。

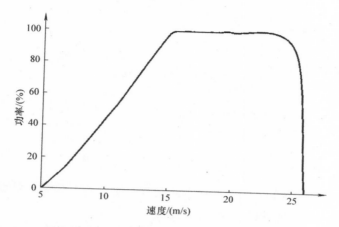

图 5.11　根据风速大小来控制功率输出

在风力发电机设计时的主导因素中不是一年内出现仅有几天的最大风速，而是考虑观测结果中出现频率更高的风速。在正常情况下，风速通常在 12～16m/s 之间。

停止风力发电机的方法有两种：一种是通过将风轮轴置于垂直于风向的方式；另一种是在风轮轴上安装一个液压或机械式制动系统，后一种制动方式与风轮轴相对于风向的位置无关。安全措施和技术规章要求在风力发电机上安装一个后备的制动系统，这个系统同样可以是液压或机械式的。

如图 5.12 所示，最大功率点（MPP）随着风速的变化而改变。这个最大功率点可以通过控制转速而得到最佳的叶尖速比（TSR）λ 值，从而在所有气象条件下都能得到最大的能量输出。

风力发电机的控制系统可以根据风速通过自身的最大功率点跟踪技术来调节风轮的转速，这种技术类似于光伏系统中的最大功率点跟踪（MPPT）技术。由于功率-转速曲线只有一个峰值点，因此只要找出使得 $dP/d\omega = 0$ 的值就可以得到在任一风速下最大能量转换的角速度。一个自动的电子控制系统可以在很短的时间间隔内不间断地调整转子的转速，也就是说，当产生的能量增大或减小时，系统会自动增加或降低转速，达到从风中转换出最多能量的目的。对转子转速的调整同样是为了避免对风力发电机的系统结构造成机械损伤。从这个意义上看，风力发电机的工作范围可以分为以下几个部分：

1）切入区：避免在能量输出可忽略时风力发电机仍然在运行的情况出现；

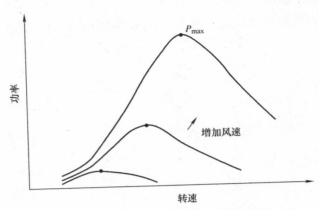

图 5.12   最大功率点随风速的变化

2）c_P 为常数的区间：转子转速得到调节而使 c_P 保持常数，从而总能使风力发电机达到最大限度地转换风能的目的；

3）额定功率区（连续转动的情况下）：风力发电机具有稳定的转速以及固定的功率输出以避免系统的机械和电路过载；

4）切出区：当风速超过设计上限时，风力发电机停止工作。

在设计风电场时，还必须考虑其他的参数以及限制因素，例如不同高度处的平均风速、可以抵御罕见而特殊的强风（百年一遇的暴风）并能同时保护风力发电机的结构增强材料。

由机械功率与发电功率之间的差异而引起的角速度变化可由下式表示：

$$J \frac{\mathrm{d}\omega}{\mathrm{d}t} = \frac{P_m - P_e}{\omega} \tag{5.27}$$

式中，J 为转子的惯性动量；ω 为转子的角速度；P_m 为机械功率；P_e 为发电机的发电功率。对式（5.27）积分得到

$$\frac{1}{2} J(\omega_2^2 - \omega_1^2) = \int_{t_1}^{t_2} (P_m - P_e)\,\mathrm{d}t \tag{5.28}$$

当转子具有接近 8000kg m^2 的惯性动量时，即转子从 100r/min 减慢到 95r/min 需要 5s 的时间，那么由制动系统提供给转子的功率将高达 800kW。而制动扭矩会对风力发电机的机械结构造成相当大的机械应力。为了在 1s 内降低转速，所需的制动力将近高于抵抗扭矩力的 5 倍，这就很可能对整个风力发电系统造成破坏，至少也会显著地降低其服役时间。调节转子转速就意味着对风力发电机进行加速和减速，这个调节过程很可能对系统造成机械或电路损伤，因此精确地设计控制系统就必须考虑选定地点的不同气象情况。

5.6 风力发电机的级别划分

商用风力发电机的发电功率从几千瓦的单机到超过 2MW 的可用于大范围并网的独立运行风力发电系统不等。

目前，由于电能的输送还受很多的因素影响，因此国际上还没有公认的来为风力发电机划分级别的标准。又因为风力发电机的发电量受到风速的影响，所以只能从理论上建立一个标准速率作为参考。然而这在实际中是很难做到的，因为风速相同的情况下，发电量取决于风轮规格。

目前应用最广泛的风力发电机标准是风力发电机制造厂商使用的比额定容量（Specific Rated Capacity，SRC），由发电机的输出功率与风轮的捕风面积之比表示。按照这个标准，一台 350/30 的风力发电机表示风轮叶片直径为 30m，发电功率为 350kW，其比额定容量就是 $0.495kW/m^2$。在风力发电机的设计中，这个参数有助于准确地评估风力发电机这个机电系统所占体积与其发电功率之间的关系，分析与年发电量相关的经济效益。

5.7 发电机

电磁感应异步发电机是最常用的将风能转换成电能的设备。这种设备因其可靠性高以及维护成本低的特点而在工业生产中得到广泛的应用。这种感应发电机安装在机舱内，并且其轴通过齿轮变速箱与风力发电机的轴相联系。风力发电机的转动带动感应发电机的转子运动，使得串套的转子和定子之间的磁场产生变化。由于电磁感应，定子中会因此而产生感应电场，其中产生的电能可以输入电网或被存储起来。轴转动速率的频繁而快速的变化是风力发电机里常见的现象，而异步发电机因其运行特点却能够将这种变化平滑化。正是因为这种运行特点，异步发电机特别适合用于风力发电。

输送到电网的发电功率取决于异步发电机的转差，其定义为

$$s = \frac{N_S - N_R}{N_S} \tag{5.29}$$

式中，N_S 为同步转速，意味着转子的转速与电网的频率变化一致；N_R 为转子的实际转速。当转子转速稍高于同步转速时，异步发电机即产生电能。

异步发电机的等效电路如图 5.13 所示。

R_S 和 R_R 分别是定子和转子的电阻，而 X_S 和 X_R 分别是定子和转子的漏电抗（由漏磁通引起的）。R_M 和 X_M 分别代表磁电阻和跟耗散现象（如寄生电流和磁

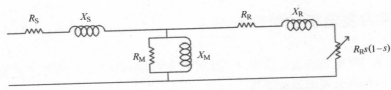

图 5.13 基于定子电路的定子和转子的等效电路

滞后）相关的电抗。

电磁感应异步发电机是三相发电机，其中每一个相的发电功率可以这样计算：

$$P = I_R^2 R_R (1-s)/s \tag{5.30}$$

式中，I_R 为转子电流，那么发电总功率即为式（5.30）所表示的 3 倍。

R_S 和 R_R 通常按额定相位阻抗的1%计算，它们引起发电机运行期间的电能损耗。

异步发电机的转换效率可以这样计算：

$$\eta = 1 - 2(R_S + R_R) \tag{5.31}$$

举例来说，假设 R_S 和 R_R 等于2%，那么转换效率将达到92%，这就表示在转换过程中8%的输入能量损耗了。

对于一台异步发电机，在转换过程中耗散的能量若以热能的形式释放，那么就需要对发电机进行散热以避免过热以及相关现象造成的损害。当发电量低时，可以利用空气进行冷却，否则需要用水进行冷却。与空气相比，水是一种更有效的冷却介质，并且能同时减小发电机的尺寸，降低运行期间由于振动所引起的噪声。

5.8 计算实例

作为一个例子，接下来的计算是基于这样一个风电场的数据，该地的空气密度为 $\rho = 1.1 \text{kg/m}^3$，年平均风速 $c = 11 \text{m/s}$，所安装的风力发电机参数为工作效率 $\eta = 0.5$ 以及直径为 $D = 30 \text{m}$。

在理论上，可达到的最大功率能够这样计算：

$$P_{max} = \frac{\rho}{2} A c^3 = \frac{\pi}{8} \rho c^3 D^2 = 517 \text{kW} \tag{5.32}$$

而在实际运行中，输出功率约为上述未考虑机-电转换损耗的功率的一半：

$$P = \eta \times P_{max} = 0.5 \times 517 \text{kW} = 258 \text{kW} \tag{5.33}$$

在这种情况下，风力发电机的单位捕风面积上的发电功率为

$$P' = P/A = 258 \text{kW}/706 \text{m}^2 = 365 \text{W/m}^2 \tag{5.34}$$

按照这样的计算结果，年最大发电量估计为 2.26MWh。

5.9 环境影响

安装的风力发电机通常会对周边区域环境产生显著的影响。无人居住的自然景观通常被认为富有价值并且需要得到妥善的保护，因而第一个问题源于风力发电机对这种自然景观的完整性所带来的视觉影响。风力发电机的存在也会影响鸟类的生活环境及其习惯的迁徙路线，更为严重的是当鸟类意外地撞上叶片时会导致死亡。另一个必须要考虑的问题是风力发电机运行期间所产生的噪声。然而，风力发电机在实际运行中产生的噪声没有我们理所当然地认为的大。例如，在距离一台具有600kW装机容量的风力发电机50m处测得的噪声大小为55dB，而在205m处为40dB，而这个音量的噪声与一间寻常工厂所发出的噪声相当。风力发电机的运行噪声分贝数通常是一个常数，并且只有在偏航系统根据风向调节风力发电机位置时才会达到峰值。

风力发电机在运行过程中因其叶片的电学和结构特性会对周围的电子设备造成电磁干扰，这是人们要面对的又一个问题。在当地，电磁信号有可能因一台甚至更多的运行中的风力发电机而受到干扰。

在选择风电场的地点时必须要考虑以上因素。这就是为什么在施工许可发出前，民众都要求建设单位通告建成的风电场对于周边环境的影响评估以及相关的细节，因而延长了风电场从规划到实际运行的整个周期。

参 考 文 献

1. Ayotte K W (2008) Computational modelling for wind energy assessment. Journal of Wind Engineering and Industrial Aerodynamics 96:1571–1590
2. Betz A (1926) Windenergie und ihre Ausnutzung durch Windmühlen. Vandenhoek und Rupprecht, Göttingen
3. Burton T, Sharpe D, Jenkins N, Bossanji E (2001) Wind Energy Handbook. John Wiley & Sons Ltd, Chichester
4. Delarue Ph, Bouscayrol A, Tounzi A, Guillaud X et al (2003) Modelling, control and simulation of an overall wind energy conversion system. Renewable Energy 28:1169–1185
5. Gasch R, Twele J (2007) Windkraftanlagen. Teubner, Stuttgart
6. Billy Hathorn (photographer) [CC-BY-SA-3.0 (www.creativecommons.org/licenses/by-sa/3.0)], via Wikimedia Commons, http://commons.wikimedia.org/wiki/File:Wildorado _Wind_Ranch,_Oldham_County,_TX_IMG_4919.JPG
7. Patel M R (1999) Wind and Solar Power Systems. CRC Press, Boca Raton
8. Schmitz G (1955-1956) Theorie und Entwurf von Windrädern optimaler Leistung. Z. d. Universität Rostock
9. Stiebler M (2008) Wind Energy Systems for Electric Power Generation. Springer-Verlag, Berlin Heidelberg

第6章 其他能用于制氢的可再生能源

其他能用于制氢的可再生能源来源包括水力发电、潮汐能、波浪能、海洋温差能、太阳热能和生物质能，这些能源都有望成为风能和光伏发电的替代能源。而一些基于太阳光参与的有机、无机物反应的先进生产技术有望成为获取氢气的另一途径。

6.1 太阳热能

太阳辐射到地球的能量可以转化成热量。低温太阳能热电站工作时温度小于80℃，可以为建筑物供电的同时进行供热。然而，因为制氢需要更高的温度，所以这样的低温热电站（≤80℃）不适用于制氢。

聚光式太阳能热电站利用反射镜将太阳光汇聚到锅炉处以获得更高的温度（>120℃），并应用热力学循环例如朗肯（Rankine）循环来进行发电。在温度达到200℃时，这种热电站的效率可达15%~20%。

朗肯循环无论在过去（如铁路的蒸汽引擎）还是今天（如热电站）都有广泛的应用。一个理想化的朗肯循环可以用温-熵（T-S）图（见图6.1）表示。状态1到2的转变为液态工质在水泵内经历的一个等熵加压过程，紧接着的是工质在锅炉内的等压加热过程（状态2-2'）以及一个干饱和汽化过程（2'-3）。状态3到4的转变为干饱和蒸汽通过汽轮发电机经历的一个绝热膨胀过程，在此过程中，蒸汽对汽轮发电机做功并被转换成电能。最后，状态

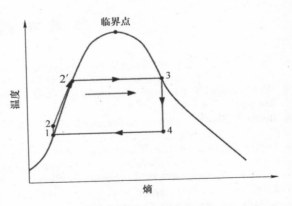

图6.1 用温-熵（T-S）图表示的朗肯循环

4到1的转变为低压湿蒸汽被传送至冷凝器冷却成饱和的液体工质。朗肯循环使用的传热工质可以是水或者低沸点的液态有机物如卤代碳氢化合物。

朗肯循环的效率可用以下的关系式定义（式中符号的意义见图6.2）：

$$\eta = \frac{\dot{W}_{\text{turbine}} - \dot{W}_{\text{pump}}}{\dot{Q}_{\text{in}}} \qquad (6.1)$$

式中，$\dot{W}$为汽轮发电机提供或者给水泵消耗的功率；$\dot{Q}_{\text{in}}$为外界对系统的加热功率。通过朗肯循环，汽轮发电机即可产生用于电解水制氢的电能。

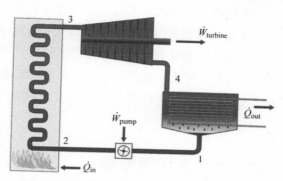

图 6.2　朗肯循环发电系统的工作及其热流示意图[1]

聚光式太阳能工作站可以设计成在很高的温度下工作，在这种温度下能够直接通过热解水来制氢。在常温常压下，10^{14}个水分子中仅有 1 个分子会由于这种热效应而发生分解。但在 2200℃的高温下，这些水分子中约有 8% 会发生分解，而当温度提高到 3000℃时，这个比例会高达 50%。然而，目前所使用的技术都遇到了瓶颈：伴随着直接热解水产生的极高热应力所带来的问题，导致太阳热工作站的可靠性亟待提高，要克服这个难题，就需要材料科学与热电站技术更进一步的发展。

6.2　水力发电

水力发电已有几个世纪的使用历史，可能是现有的可再生能源技术里面最成熟的。水力发电基于的原理：水库里静止的水所具有的势能或者流水所具有的动能能够被简单而有效地转化为电能。

考虑水库发电的情况，所能产生的功率可以表示为

$$P = \eta \rho g \Delta z \frac{\mathrm{d}V}{\mathrm{d}t} \qquad (6.2)$$

式中，η 为考虑了摩擦损耗后的效率；ρ 为水的密度；g 为重力加速度；Δz 为进水口与运行中的水轮机之间的高度差；$\mathrm{d}V/\mathrm{d}t$ 为水的体积流率。

水电站的设计需要考虑蓄水流域一年甚至多年的水流量。

水力发电既有令人称道之处，也有玷缺之处，可谓瑕瑜互见，它的缺点在于会引起周围环境的巨大变化。在水坝的建设期间，施工会对周围的野生动植物和文化造成很大的破坏。当地住民不得进行迁徙，附近的人类聚居地受到由水坝崩塌或自然灾害引起的暴发洪水的威胁。水力发电的另一个不足之处源于区域环境变化带来的气体释放。许多水库都是通过人工建造大坝来拦截天然水体的流动，导致该区域内形成一个面积更大的永久水库淹没区。当这个区域内的树木都被水淹没致死后，会释放大量的二氧化碳（CO_2）或甲烷（CH_4）。水体在前述原本覆盖有植被的地表部分上涨落，会导致这些气体的持续释放。一些学者认为这种形式的二氧化碳（CO_2）周期性释放所造成的危害不亚于传统化石能源燃烧。

此外，水电站的发电量受制于气候变化，例如长时间的干旱会减少水的流速。

6.3 潮汐能、波浪能和海洋温差能

将潮汐和波浪里蕴藏的势能转换成电能，并利用产生的电能电解水制氢是一项具有发展潜力的技术方案。选择这项技术的原因是所需的两种主要支持——能量和水，皆可就地取材。

对于海洋能的开发利用，有几种技术方案可供考虑。目前，在大型海上离岸平台内进行制氢是可行的，同时这种海上平台也可供进行渔业作业，或者作为物流货运的枢纽。产生的氢气可以输送至陆地，或者供给氢燃料动力船只。

潮汐作为太阳、月球和地球的自转共同作用的结果，同时受到地理环境的影响。潮汐能是可再生利用的，并且相对于其他可再生能源具有可被预测的变化规律。开发潮汐能所使用的涡轮式水力发电机技术最近正朝着降低成本和增加其在能源市场份额的方向发展。潮汐能利用的相关计算与为风能所建立的理论相似，原因是两者所使用的涡轮式发电机构造和相关的流体动力学性质类似。

波浪能产生于风将其能量转移至海洋表面。这种形式的能量可以被吸收装置或能随波浪上下运动的振荡浮子装置捕获而得以开发利用。波浪能的实际运用仍然处于开发之中。

海洋温差发电（Ocean Thermal Energy Conversion，OTEC）使用了低压朗肯循环的汽轮发电机来利用海洋表面与更深层海水之间的温度差异进行发电。然而这项用于制氢的技术很可能在未来至少几十年间只能获得极其稀少的运用。

6.4　生物质能

生物质，特别是作为一种可再生能源的来源提及时，指的是未被化石化的动植物产生的所有有机物质的总称。作为能源用途的生物质包括上述生命体的排泄、代谢产物和残余物，人类活动产生的有机废物和种植的能源作物。

由于植物能够通过光合作用把简单的无机分子合成为复杂的有机化合物（主要是碳氢化合物），并经过此途径，将太阳能以化学能的形式储存在这些有机物中，从而为自身提供营养物质，因此植物是自养型生物。而所有其他的生物都是异养型生物，原因是这些生物必须以植物为食来摄取营养物质，从而获得能量。

流化床气化技术是利用生物质能的一种方式，生物质在流化床反应器内进行直接的气化反应。在流化床反应器内，生物质通过热化学反应和跟氧气发生的部分氧化反应转化生成氢气（H_2）、一氧化碳（CO）、甲烷（CH_4）、二氧化碳（CO_2）、水蒸气以及其他碳氢化合物。上述过程中产生的氢气必须从残余的硫化物中冷却和提纯出来。另一种可行的利用方式是生物质快速热解技术。这项技术是生物质通过吸热分解反应，生成氢气、一氧化碳、二氧化碳、碳氢化合物、水蒸气、酸、碱和固体残余物。通过严格地挑选细菌和反应底物，我们同样有可能从厌氧发酵中获得氢气，而非通常的沼气。

生物质能的利用会给我们带来各种效益，其中最显著的好处之一是废弃物得以用作能量来源，而不是储存在垃圾填埋场。然而盲目使用生物质能将会使农业生产活动的重心从粮食种植转变到能源作物的种植，终将导致食物供应的减少和价格的提升，这就是使用生物质能的不足之处。除此之外，增大能源作物的种植面积会增加滥砍滥伐的风险，这就会对地球碳循环以及全球气候变化造成直接的影响。最后需要指出的是，各种用于增产的农业技术，如施放化肥、投放杀虫剂、使用机器以及灌溉技术，甚至会把应用生物质能所带来的各种效益清零。

参 考 文 献

1. Ainsworth A [CC-BY-SA-3.0 (www.creativecommons.org/licenses/by-sa/3.0/)], via Wikimedia Commons, http://commons.wikimedia.org/wiki/File:Rankine_cycle_layout. png
2. Baker A C (1991) Tidal power, Peter Peregrinus Ltd, London
3. Baykara S Z (2004) Experimental solar water thermolysis. International Journal of Hydrogen Energy 29 (14):1459–1469

4. Bruch V L (1994) An Assessment of Research and Development Leadership in Ocean Energy Technologies. SAND93-3946. Sandia National Laboratories: Energy Policy and Planning Department

5. Bolton J R (1996) Solar photoproduction of hydrogen: a review. Solar Energy 1 (57):37–50

6. Frey M (2002) Hydrogenases: hydrogen-activating enzymes. ChemBioChem 3 (2–3): 153–160

7. Herbich J B (2000) Handbook of coastal engineering. McGraw-Hill Professional, New York

8. Mauseth J D (2008) Botany: An Introduction to Plant Biology, 4th ed. Jones & Bartlett Publishers, Sudbury

9. Mitsui T, Ito F, Seya Y, Nakamoto Y (1983) Outline of the 100 kW OTEC Pilot Plant in the Republic of Nauru. IEEE Transactions on Power Apparatus and Systems PAS-102 (9): 3167–3171

10. Nonhebel S (2002) Energy yields in intensive and extensive biomass production systems. Biomass Bioenergy 22:159–167

11. Vignais P M, Billoud B and Meyer J (2001) Classification and phylogeny of hydrogenases. FEMS Microbiol Rev. 25 (4): 455–501

第7章 储　氢

储氢技术是可再生能源走向实际应用的关键。目前已经有多种有效的技术手段，但是没有一种起到主导作用。在接下来的十几年甚至更长时间内，储氢技术仍会是多种技术的集合，这取决于具体的应用。氢能的利用可能成为最有效的、最值得关注的选择。本章介绍了几种储氢方法，从最传统的到最先进的、最可行的。

7.1　储氢过程中的问题

之前的章节中已经介绍，利用电能分解水制得氢气和氧气，然后收集这些气体发电，有益于环境而且具有可行性。当利用可再生能源制氢技术上成熟的时候，储氢仍然要面对许多挑战。

压缩和液化等传统的方法存在缺点，限制了它们的效率和大范围应用。例如，压缩储存要求低的存储密度和高的工作压强，导致高成本和高安全风险。另一方面，液化需要大量的能量，严重地减少了系统最终的效率。此外，液氢从容器中连续蒸发限制了技术的应用，此项技术只能运用在那些氢的消耗速率快的、可接受高的生产成本的领域。

一种高能量密度的存储技术应该包括以下两种特征：①在单位质量中储存的能量高（以质量能量密度的形式，即存储系统中能量与总质量之比）；②在单位体积中储存的能量高（以体积能量密度的形式，即存储系统中能量与总体积之比）。

为了给全球的研究组织设置发展时间表，美国能源部（DOE）提出，到2010年时质量能量密度达到6%（2kWh/kg），到2015年时达到9%（3kWh/kg）。值得注意的是，这些目标是没有约束力的，尤其是对固定设施应用来说，质量能量密度并不是问题。当然，提出这样的研究目标是为了发展能够完全替代化石能源体系的氢能系统。

储氢技术在作为固定应用时遇到的限制很少，因为它的质量大小和尺寸对此影响不大，但是在非固定应用时，问题就会变得突出。能够解决这些矛盾的技术能力是解决存储问题的关键。

之前提到，当前的两种实用存储方法是压缩和液化，其他的新技术也在发展，包括使用碳结构、纳米技术、金属氢化物或化学氢化物等创造性想法。氢在碳结构（例如碳纳米管和活性炭）中的物理吸附是一种有效的方法。这种技术的特点是工作压力低、安全风险低、存储-释放速度快，而且完全可逆，并没有滞变现象。但是，为了获得可接受的质量能量密度和体积能量密度，需要很低的温度。氢化物的运用使得热管理变得复杂，这意味着储氢时制冷过程或者取氢时的加热过程，都需要在真空条件下进行，以保证氢化物不和空气接触。尽管如此，当其他的新方法仍然在起步阶段时，这项技术具有高的体积能量密度，而且具有很多值得注意的特点。部分氢化物可以在常温常压下使用，与此同时，其他的氢化物（例如 LiBH$_4$）具有良好的体积和质量能量密度，更合适于非固定式应用。所有的存储方式将在以下的章节进行讨论。

7.2　物理存储

7.2.1　压缩存储

对于氢的储存来说，目前最简单的技术就是压缩存储。考虑到氢气的低密度，储存要么在高压下（从 25～30MPa 到 70MPa），要么占据相当大的体积。

低压存储可以用于大规模的固定式应用，在这种情况下，低压所带来的存储密度降低部分可以由大容积的储氢罐来补偿。在非固定式应用时，需要同时考虑到容积和重量，只有在高压以及较低的重量的情况下，才可以采用降低容积的办法。

压缩储氢通常需要的容积是甲烷的 3 倍，其需要的比能量（MJ/kg）也大于压缩甲烷需要的比能量。由于氢气的体积能量密度更低，其需要更高的压缩压力。

通常的压缩机包括往复式活塞、旋转压气机、离心机和轴流式风机。这些压缩机的材料必须精心挑选，能够适合与氢气接触。储氢罐通常由玻璃纤维或者高分子碳纤维加强的铝材料构成，质量密度为 2%～5%。

7.2.1.1　模型

典型的压缩机包括单级和两级压缩机。单级压缩机的理想压缩距离（$L_{\mathrm{comp,id}}$）和多变压缩过程⊖的关系为

$$L_{\mathrm{comp,id}} = \frac{m\mathrm{R}T_{\mathrm{in}}}{m-1}\Big[1 - \Big(\frac{p_{\mathrm{out}}}{p_{\mathrm{in}}}\Big)^{\frac{m-1}{m}}\Big] \tag{7.1}$$

⊖　定义热力学转变为多变的，符合定律 $pv^\gamma =$ 常数，其中 γ 为多变的特征指数。

式中，m 为多变压缩指数；T_{in} 为气体注入压缩机的温度；P_{in} 和 P_{out} 是压缩机的输入和输出压强。出口气体的温度 T_{out} 可以结合理想气体定律通过对多变压缩过程的数学计算得出：

$$p_{in}v_{in}^m = p_{out}v_{out}^m \longrightarrow$$

$$p_{in}\left(\frac{RT_{in}}{p_{in}}\right)^m = p_{out}\left(\frac{RT_{out}}{p_{out}}\right)^m \longrightarrow$$

$$p_{in}^{(1-m)}T_{in}^m = p_{out}^{(1-m)}T_{out}^m \longrightarrow \tag{7.2}$$

$$T_{out} = T_{in}\left(\frac{p_{in}}{p_{out}}\right)^{\frac{1-m}{m}}$$

压缩机吸收的有效能量 P_{comp} 为

$$P_{comp} = \frac{\dot{n}_{gas}L_{comp,id}}{\eta_{comp}} \tag{7.3}$$

式中，$\dot{n}_{gas}$ 是通过压缩机的摩尔流量；η_{comp} 是压缩机的效率。

对于固定式应用而言，利用大容积的储氢罐来保证低压以及低能耗存储是更有利的；然而对于非固定式应用而言，使用小容积的储氢罐以及高压存储更可取。

对于理想气体，存储容器内部压力 p_s 为

$$p_s = \frac{nRT_s}{V} \tag{7.4}$$

式中，n 是存储容器中气体的物质的量；T_s 是存储容器的温度；V 是存储容器的体积。压强 p_s 能够通过 T_s 和 n 计算得到，取决于入口气体（$\dot{n}_{in,s}$）和出口气体（$\dot{n}_{out,s}$）的摩尔流量差。T_s 也受到注入气体的温度 $T_{in,s}$ 和出口温度 $T_{out,s}$ 的影响。所以，p_s 的计算需要三个非线性方程，分别对应三个未知数：p_s、T_s 和 $T_{in,s}$。

第一个方程是

$$T_{in,s} = T_{in,c}\left(\frac{p_{in}}{p_{in,s}}\right)^{\frac{1-m}{m}} \tag{7.5}$$

式中，$T_{in,c}$ 是注入压缩机气体的温度。为了简化方程，设定气体离开电解槽时，经过管道传输至压缩机时的温度不变。

第二个方程通过理想气体定律得出，方程中通过对时间积分得出的气体的物质的量 n 被气体初始物质的量 n_{in} 代替：

$$n = n_{in} + \int_0^t (\dot{n}_{in,s} - \dot{n}_{out,s})d\tau \tag{7.6}$$

因此第二个方程变成

$$p_s = \left[n_{in} + \int_0^t (\dot{n}_{in,s} - \dot{n}_{out,s}) d\tau \right] \frac{RT_s}{V} \tag{7.7}$$

储存容器中的热平衡表示为

$$\dot{Q}_{in} = \dot{Q}_{store} + \dot{Q}_{loss} \tag{7.8}$$

其中，进入容器中的热量为

$$\dot{Q}_{in} = \dot{n}_{in,s} c_{p,gas} (T_{in,s} - T_s) = C_{in}(T_{in,s} - T_s) \tag{7.9}$$

容器中储存的热量为

$$\dot{Q}_{store} = C_s \frac{dT_s}{dt} \tag{7.10}$$

进入外界环境的热量损失为

$$\dot{Q}_{loss} = \frac{(T_s - T_a)}{R_t} \tag{7.11}$$

式中，$c_{p,gas}$ 是储存容器中气体的比热；C_{in} 是注入气流的热容；T_a 是环境的温度（K）；R_t 是储存容器的热阻；C_s 是整个容器的热容。

当容器壁的热容比容器内气体的热容小时，关系式表示为

$$C_s \approx n c_{p,gas} \tag{7.12}$$

结合式（7.8）和式（7.12），第三个非线性方程是

$$T_s = T_{ini} + \int_0^t \left[\frac{C_{in}(T_{in,s} - T_s)}{C_s} + \frac{(T_a - T_s)}{\tau_t} \right] d\tau \tag{7.13}$$

式中，T_{ini} 是储存容器的起始温度，可以假设和环境的温度一致；τ_t 是储存容器的时间常数，等于 $R_t C_s$。

所以，计算容器压强的非线性公式变成

$$\begin{cases} T_{in,s} = T_{in,c} \left(\dfrac{p_{in}}{p_{in,s}} \right)^{\frac{1-m}{m}} \\[2mm] p_s = \left[n_{in} + \int_0^t (\dot{n}_{in,s} - \dot{n}_{out,s}) d\tau \right] \dfrac{RT_s}{V} \\[2mm] T_s = T_{ini} + \int_0^t \left[\dfrac{C_{in}(T_{in,s} - T_s)}{C_s} + \dfrac{(T_a - T_s)}{\tau_t} \right] d\tau \end{cases} \tag{7.14}$$

7.2.1.2 尺寸实例

储气罐通常是由钢制成的圆柱体。储氢罐的壁厚为 5mm，存储体积为 0.4m³，但对于同样壁厚的储氧容器来说，容量仅为 0.2m³。排除了壁厚，两种容器的长度可以按照下式计算：

$$l = \frac{V}{\dfrac{\pi d^2}{4}} \tag{7.15}$$

忽略从圆柱结构到平面结构之间的热桥效应，这两个容器是两个圆盘封住两端的两个加压圆柱体。它们的热阻计算如下：

$$R_t = R_{lat} + R_{ext} \tag{7.16}$$

其中

$$R_{lat} = R_{conv. in, lat} + R_{cond. lat} + R_{conv. out, lat} = \frac{1}{h_{in} \pi dl} + \frac{\ln \dfrac{D}{d}}{2\pi \lambda l} + \frac{1}{h_{out} \pi Dl} \tag{7.17}$$

$$R_{ext} = 2(R_{conv. in, ext} + R_{cond. ext} + R_{conv. out, ext}) = 2\left(\frac{1}{h_{in} \dfrac{\pi d^2}{4}} + \frac{\dfrac{(D-d)}{2}}{\lambda \dfrac{\pi d^2}{4}} + \frac{1}{h_{out} \dfrac{\pi d^2}{4}} \right)$$

$$\tag{7.18}$$

在式（7.17）和式（7.18）中，R_{lat} 是圆柱体侧壁总的热阻，圆柱体的内径用 d 表示，外径用 D 表示；R_{ext} 是封住圆柱两端的圆盘的热阻，直径为 d；$R_{con. in, lat}$ 是圆柱体侧面的内部对流热阻；$R_{cond. lat}$ 是侧面的导热热阻；$R_{conv. out, in}$ 是圆柱体侧面的外部对流热阻；h_{in} 是对流热换系数，在这种环境下，可以升至 $200\,W/m^2\,K$；d 是圆柱体的内径；l 是圆柱体的长度；D 是圆柱体的外径；λ 是不锈钢层的热导系数，对于大多数钢材料来说，测量值约为 $50\,W/m\,K$；h_{out} 是外部对流热换系数，在这种条件下可以设为 $5\,W/m^2\,K$；$R_{conv. in, ext}$ 是两端圆盘的内部对流热阻；$R_{cond. ext}$ 是圆盘不锈钢层的热导热阻；$R_{conv. out, ext}$ 是圆盘的外部对流热阻。

7.2.2　液化存储

液化存储能够避免压缩储氢时能量密度低的缺点。储氢的体积密度能够达到 $50\,kg/m^3$，质量密度接近 20%。但是，过低的液化温度也会带来一些问题。在如此低温下，很难避免储存容器中所有的热损失。由于存储温度接近氢的沸点，容器与外部环境很少热交换就会导致液态氢蒸发，这样就需要放出气态氢避免内部压力过高。

由于氢气的临界点很低，压缩机冷却过程消耗的能量和热损失使得液化的成本过高。例如，氢气液化能量消耗为 $3.23\,kWh/kg$，而氮气液化能量消耗为 $0.21\,kWh/kg$。大约 30% 的能量消耗（依据氢气的低热值）用在液化过程，但是只有 4% 用在压缩过程。这给小规模的移动应用带来问题，尤其是在汽车方面的应用，为了维持液态，在汽车行驶时仍然需要额外的能量去维持状态。

从工程角度来看，容器最好应该设计成球状以保证最低的表体比。此外，为了优化传导、对流和辐射时的热交换，容器应该建造内管和外管，在这缝隙中要么保持真空要么用 77K 的液氮填充。

传统的工业液化过程以焦耳-汤姆孙（Joule-Thompson）效应为理论基础，气体在通过阀门后发生绝热膨胀导致温度的下降。

气体在室温下被压缩，利用热交换机进行冷却。随后通过节流阀，发生焦耳-汤姆孙效应，导致部分气体液化。剩余的气体再次通过热交换机循环冷却。

利用林德（Linde）循环对不同类型的气体进行液化，例如氮气，在室温下进行等焓膨胀，温度下降，而氢气在室温下进行等焓膨胀时温度会上升。[⊖]这也是为什么为了确保氢气在膨胀过程能够冷却，它的温度必须要低于反转温度。为了达到要求的温度，在氢气被输送至节流阀之前，要预冷却至78K。在转化温度下，当气体膨胀时，氢气分子间的作用使得气体做功。在一些林德循环过程中，氢气通过膨胀阀之前，用液氮对其预冷却；氮气随后重新液化并被重复利用。

一种替代的林德循环的方法为克劳德（Claude）循环，一些气体输送到引擎中进行等焓膨胀。

氢气的液化温度为 20.28K。在液化环境下，氢以几乎 100% 的仲氢形式存在，但是室温下，氢由 25% 的仲氢和 75% 的正氢组成。从正氢到仲氢的转变释放热量导致氢蒸腾流失。氢气要以仲氢的形式长期储存，而不是正氢的形式。因此在液化氢气之前，必须用催化剂对其预处理。

7.2.3 玻璃或塑料容器存储

利用粒径在 25～500μm 之间的玻璃微球来储存氢气：当玻璃被加热到 200～400℃之间，加压到几十 MPa 时，氢气能够穿透玻璃微球（对于微球的裂点来说，最高压力约为 340MPa）。当压强和温度回归常温常压时，氢气留在球的内部。需要释放氢气时，微球再次被加热，此时系统保持常压或低压。玻璃微球也会因释放氢气而破裂。

这个过程的表观效率取决于氢气的压强和温度，甚至是微球的体积尺寸和化学成分。这本身是一种安全的方法，可以进行非固定式应用。

另一种方法是用充满 NaH 的塑料球，置于带有研磨装置的蓄水池内。当需要氢气提供能量时，控制系统通过研磨塑料球把 NaH 释放进水中。化学反应式如下：

$$NaH + H_2O \longrightarrow NaOH + H_2 \tag{7.19}$$

产生氢气和 NaOH。这个过程牵涉更加复杂的系统，能够重新将 NaOH 变为

⊖ 在给定压强下，非理想气体的转变温度是指在此温度之上进行等焓膨胀时会导致气体温度的上升，在此温度之下进行等焓转变会导致气体温度的下降。

NaH。利用这种方法，氢气的存储重量百分比可以达到 4.3%，质量密度可以达到 47kg/m³。

7.3　物理化学存储

7.3.1　物理吸附

物质表面的原子不同于体相的原子，存在着不完全配位的原子，所以它们可以更自由地和周围环境的原子或分子自由反应。物质表面的原子可以与外界环境的原子或者化合物结合成键。吸附是被吸附原子、离子或者分子和吸附剂表面原子键合的表面现象。

如果这些键能来自于范德华力（吸附焓为 20kJ/mol，大小等于冷凝焓），这种现象称为物理吸附。焓变不足以使被吸附物的化学键断裂，所以被吸附分子能够保持原状，尽管它们的三维形状可能被晶格内的原子的吸引而改变（见表 7.1）。

表 7.1　物理吸附焓的最大测定值

吸附质	$\Delta_{ad}H/(KJ/mol)$
CH_4	−21
H_2	−84
H_2O	−59
N_2	21

物理吸附是一个很快的过程。它不需要活化能，不具有特异性，吸附物和吸附剂之间不具有选择性。最容易被吸附的气体是高度极化和处于压缩状态的，吸附量由气体的沸点决定。在物理吸附中，吸附量与比表面成比例，而且与吸附剂的外形无关。对于表面来说，物理吸附因材料和表面的不同而不同，材料可能发生多层吸附。

当发生这种情况时，除去最内层吸附层之外，吸附层分子间的键焓取决于被吸附分子之间的作用。因此，在这种情况下焓与气化潜热相同，在超临界状态下，氢气气氛下（温度高于 33K）不能形成多层（压缩时）。

如果键具有特定的性质，像共价键一样，这种吸附称为化学吸附。这种吸附也是一种放热过程。它比物理吸附慢，焓变等于键的形成能（200 ~ 400kJ/mol）。吸附分子与吸附剂的配位数⊖倾向于最大化，它们的键长小于物理吸附时的键

⊖ 配位数为连接一个中心原子的分子或者离子的数量。在晶体学中，这一术语用于表示晶体结构中直接与单个原子连接的原子数。

长。从化学角度看，吸附分子的键可以在吸附剂的表面被打断，分散于物质表面，提高表面的化学反应催化活性。脱附是相反的现象，吸附分子被释放出来。

7.3.2　分子间相互作用的经验模型

对于吸附过程，由于没有能够描述原子间和分子间作用的理论模型，这时才有了经验模型。通常用的是伦纳德-琼斯（Lennard-Jones）势。

模型的设想同时考虑了长程时的范德华力和短程时的库仑斥力，根据泡利不相容原理[⊖]，这是由不同分子或者原子的电子云之间的相互作用而导致。伦纳德-琼斯势，又称12-6电势，表示如下：

$$V(r) = 4\varepsilon \left[\left(\frac{\sigma}{r} \right)^{12} - \left(\frac{\sigma}{r} \right)^{6} \right] \tag{7.20}$$

式中，ε 是势阱深度；σ 是分子碰撞直径（根据气体动力学理论）。范德华力由长程项 r^{-6} 表示，库仑斥力项由短程项 r^{-12} 表示。图 7.1 展示了两个氩原子之间的相互作用能。

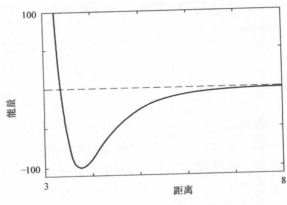

图 7.1　两个氩原子之间的相互作用能曲线

莫尔斯（Morse）函数用于描述双原子分子相互作用势能：

$$V_{\text{Morse}}(R) = D_e \{ 1 - \exp[-\beta(R - R_e)] \}^2 \tag{7.21}$$

式中，D_e 是分子解离能；β 是一个常数；R_e 是势能最小时的原子间距。

和伦纳德-琼斯势相似，莫尔斯函数非常精确地描述了在长程时分子的解离；短程时的库仑排斥，能量最低时，分子最稳定。当 $R = R_e$ 时，函数的值为 0，是

⊖　泡利不相容原理规定：没有两个相同的费米子具有同样的量子数。费米子是具有半自旋并且遵循Fermi 分布函数。质子、中子和电子是费米子的三种形式。

势能的最低点。当 $R \gg R_e$ 时，函数变为 $V = D_e$，代表了双原子分子在无穷远时的解离能。当 $R \ll R_e$ 时，莫尔斯函数变成

$$V_{\text{Morse}}(R) = D_e[1 - \exp(\beta R_e)]^2 \tag{7.22}$$

这与短程时原子的正向的、强的排斥力是一致的。

依据莫尔斯函数的交点，这可能决定吸附类型，体现了被吸附物和吸附剂之间的相互作用。例如，在图 7.2a 中，当分子接触到吸附剂时，它们会进入物理吸附的前驱状态，随后发生化学解离。在图 7.2b 中，只有当分子具有比活化能（E_a）更高的能量时，化学吸附才会发生。当超过反应阈值时，发生化学吸附，反应随后会变慢，要求升温活化被吸附物和吸附剂。

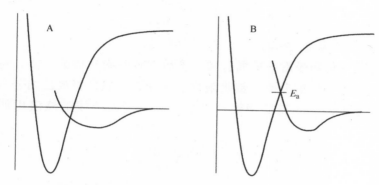

图 7.2　双原子分子的吸附曲线

7.3.3　吸附和脱附速率

吸附速率表示为

$$v_a = \frac{\mathrm{d}p}{\mathrm{d}t} = k_a A p \tag{7.23}$$

式中，t 为时间；p 为压强；A 为吸附反应面积；k_a 为吸附速度系数（m^2/s）。

合并式（7.23）：

$$p = p_0 \exp(-k_a A t) \tag{7.24}$$

如果吸附剂的表面积已知，并且脱附可以被忽略，那么获得吸附速度系数是可能的。

根据气体动力学理论，碰撞单位面积的分子数量为

$$J_N = \frac{1}{4} \frac{N}{V} \bar{v} \tag{7.25}$$

式中，$\bar{v}$ 为分子的平均速率；N/V 是单位体积的分子数量。

一个分子吸附到表面的可能性称作粘附概率。它表示为

$$s = \frac{k_a}{J_N} \qquad (7.26)$$

在实验中，把吸附剂放入容器中，然后通过加热和抽真空的手段测量吸附速率。在容器中加压已知吸附量的气体，能够得到吸附动力学的相关参数。

吸附速率计算如下：

$$v_d = \frac{dN}{dt} = k_d N \qquad (7.27)$$

式中，N 是被吸附在表面的分子数；k_d 通过阿累尼乌斯（Arrhenius）定律[⊖]得到：

$$k_d = A\exp\left(-\frac{E_a}{RT}\right) \qquad (7.28)$$

式中，A 是独立于温度的指前因子；E_a 为活化能。

加热被吸附物和吸附剂的混合物，然后测量脱附气体的压强，可以得到脱附速率。随着温度的升高，被吸附物快速释放，但是释放出的分子量逐渐减少，导致脱附的 p-T 特征曲线产生一个峰。脱附曲线的峰值用如下关系表示：

$$\frac{dv_d}{dT} = 0 = \frac{dk_d}{dT}N + \frac{dN}{dT}k_d \qquad (7.29)$$

利用阿累尼乌斯定律中的 k_d，代替式（7.29）中的第一项：

$$\frac{dk_d}{dT} = \frac{E_a}{RT^2}k_d \qquad (7.30)$$

根据线性关系[⊖]引入一个加热过程：

$$T = T_0 + \alpha t \qquad (7.31)$$

代替式（7.29）中的第二项：

$$\frac{dN}{dT} = -\frac{dN}{dt}\frac{dt}{dT} = -\frac{k_d N}{\alpha} \qquad (7.32)$$

最后，从式（7.30）、式（7.32）和式（7.29）得出

$$\frac{T_m^2}{\alpha} = \frac{E_a}{Rk_d} \qquad (7.33)$$

得出最大脱附时的温度。

取自然对数：

⊖　阿累尼乌斯定律是化学反应（或反应常数）速率和温度的经验公式。

⊖　α 大约为 20K/s。

$$\ln\frac{T_m^2}{\alpha} = \ln\frac{E_a}{R} - \ln k_d = \ln\frac{E_a}{RA} - \frac{E_a}{RT} \tag{7.34}$$

α 作为独立变量,将($\ln T_m^2/\alpha$)和 $1/T$ 作图得到一条直线,其斜率和截距分别对应着活化能和指前因子 A。

在一些情况中,例如当吸附发生在不同晶体表面时,脱附曲线不止一个峰。

7.3.4 吸附和脱附的实验测试

实验室条件下,评价吸附剂表面的吸附量的方法是:注入盛有吸附剂的容器已知量的气体,然后通过容器压强的变化计算气体的分子量。另一种技术是测量输入和输出气体通过吸附剂时流量的变化。

瞬间脱附时,吸附剂和被吸附物的混合物被迅速加热,可以通过压强的增加测量脱附气体的量。

可以用石英晶体微天平测量质量:利用压电探头记录吸附剂吸附气体前后石英晶振频率的不同,得出吸附质的质量。

7.3.5 等温吸附线

盖度 θ 定义为被吸附物占有位点的数量与可用于吸附的位点数量的比值。它可以被定义为

$$\theta = \frac{V}{V_\infty} \tag{7.35}$$

式中,V 为被吸附物的体积;V_∞ 为吸附剂完全吸附一层吸附物时,被吸附物的体积。吸附速率($d\theta/dt$)为盖度随着时间的变化率。

当温度不变时,盖度的变化是压强的函数,这称为等温吸附线。描述吸附量和压强的关系有不同的理论,对应不同的公式。其中一个经典公式是朗缪尔(Langmuir)吸附等温线,基于以下的假设:

1)吸附是单层的,没有其他的分子覆盖层;

2)被吸附物占据所有吸附位点的可能性是一样的;

3)吸附剂的表面是完全一致的;

4)一个分子被吸附在一个位点上的可能性与相邻空间是否已经被其他分子占据无关。

基于这些理论的吸附速率由气体的分压和剩余的吸附位点 $N(1-\theta)$ 决定,用以下关系式表示:

$$v_a = \frac{d\theta}{dt} = k_a p N(1-\theta) \tag{7.36}$$

脱附速率为

$$v_{\mathrm{d}} = \frac{\mathrm{d}\theta}{\mathrm{d}t} = -k_{\mathrm{d}}N\theta \qquad (7.37)$$

当吸附平衡时，这两种速率相同，朗缪尔吸附等温线表示为

$$\theta = \frac{Kp}{1 + Kp}, \quad K = \frac{k_{\mathrm{a}}}{k_{\mathrm{d}}} \qquad (7.38)$$

图 7.3 中的等温线显示盖度如何随压强变化。只有当压强特别高时，饱和值才能达到 1，此时，气体分子占据每个剩下的位点。不同的温度对应不同的曲线，K 值随着温度变化，k_{a} 和 k_{d} 的比率发生变化。从图 7.3 中可以看出，对于一个参考压力值，更高的 K 值提供更高的盖度和不同的吸附等温线。

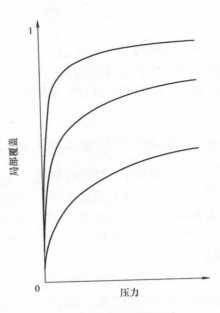

图 7.3　朗缪尔吸附等温线

7.3.6　吸附热动力学

通常吸附是 $\Delta G < 0$ 的反应，当吸附分子的运动减少时，熵的变化 $\Delta S < 0$。公式为

$$\Delta G = \Delta H - T\Delta S < 0 \qquad (7.39)$$

从公式可以推断 $\Delta H < 0$，所以吸附是一个放热过程[⊖]。

吸附焓由吸附剂的表面积和被占的吸附位点数决定。如果吸附分子相互排斥（例如一氧化碳对钯的吸附），随着局部覆盖量的增加，吸附过程放热减少。如果分子更加倾向相互吸引（例如钨上吸附氧气），吸附趋向于岛状发生，吸附更加可能发生在边缘而不是其他位点。如果内能增加，当分子间的热运动由引力决定时，发生有序-无序转变现象。

总之，吸附焓变表现出与 θ 相反的路径：如果吸附位点增加，吸附焓减少。与朗缪尔吸附等温线理论相反，吸附位点被占据的可能性不是等概率的；取而代之的是，键能高的位点被占据的可能性更大。

通过常数 θ 计算吸附焓，称为等容焓，由下式表示：

⊖　对于吸附的放热性会出现例外，尤其是当一个被吸附分子解吸附时，在吸附剂晶格中高自由度的平移。

$$\frac{\Delta H_{\text{ads}}}{RT^2} = -\left(\frac{\partial \ln p}{\partial T}\right)_\theta \tag{7.40}$$

和克拉珀龙方程相似，但是焓变符号相反，此时这是一个压缩而不是蒸发过程。

假设一个朗缪尔吸附等温线，公式表示为

$$\frac{\theta}{1 - \theta} = Kp \tag{7.41}$$

由于 θ 是常数，变为

$$d\ln k + d\ln p = 0 \tag{7.42}$$

在这种情况下，等容焓为

$$\frac{\Delta H_{\text{ads}}}{RT^2} = \left(\frac{\partial \ln K}{\partial T}\right)_\theta \tag{7.43}$$

很明显，这个方程和范特霍夫方程[⊖]相似，当平衡时，ΔH_{ads} 可以被 ΔH^0 取代。

7.3.7 其他的吸附等温线

朗缪尔吸附等温线的假说与实验结果有严重的分歧。例如，当局部覆盖增加时，吸附焓减少，这与位点等概率吸附的假设形成鲜明对比。所以，其他的吸附等温线假说也在发展。

特姆金（Temkin）吸附等温线表示为

$$\theta = c_1 \ln(c_2 p) \tag{7.44}$$

式中，c_1 和 c_2 是实验得到的常数。该等温线假定焓随压力的变化而线性变化。

弗罗因德利克（Freundlich）吸附等温线表示为

$$\theta = c_1 p^{\frac{1}{c_2}} \tag{7.45}$$

这里假定用压力的对数取代焓变。

如果在第一层吸附层上发生冷凝吸附时，通常用的理论是布鲁诺尔（Brunauer）、埃米特（Emmett）和泰勒（Teller）（BET 等温线）：

$$\frac{V}{V_{\text{mon}}} = \frac{cz}{(1 - z)\left[1 - (1 - c)z\right]} \tag{7.46}$$

其中

$$c = \exp\left(\frac{\Delta_{\text{des}} H^0 - \Delta_{\text{vap}} H^0}{RT}\right) \tag{7.47}$$

⊖ 范特霍夫方程是化学反应平衡常数随温度变化的关系式。

V_{mon} 为第一层吸附物的体积；$z = p/p^*$，p^* 为大于一个分子厚的一层吸附物的蒸气压。因为可能有多于一层的吸附物，所以曲线不像单分子层吸附那样饱和，取而代之的是无限增长。

7.3.8　吸附等温线的分类

　　除了少数例外，根据布鲁诺尔的分类[7]，吸附等温线可以被分为 5 种类型。

　　Ⅰ型吸附等温线是朗缪尔典型的单层吸附。通常化学吸附是单层吸附，而且遵循Ⅰ型吸附线。

　　Ⅱ型和Ⅲ型是多层吸附。开始时Ⅱ型的盖度快速增加，然后一系列的压力值下，近乎指数增长。Ⅲ型在所有的压强下，均呈指数增长。

　　Ⅳ型和Ⅴ型描述了多孔子层吸附。Ⅳ型的等温线和Ⅱ型的曲线相似，在一定的压力值下，盖度会饱和。Ⅴ型等温线开始是指数变化，后来和Ⅳ型等温线相似。

　　如果孔的尺寸为 10nm 左右，脱附曲线和吸附曲线可能不同，对应的假设是孔内被吸附物的压强和脱附压强不同。可以用开尔文（Kelvin）方程解释这种现象，这时存在一个压强梯度和弯曲的表面，如下：

$$\ln \frac{p}{p_0} = \frac{2\gamma V_m}{rRT} \tag{7.48}$$

式中，p_0 为饱和蒸气压；γ 为表面张力；V_m 为摩尔体积；r 为表面曲率半径。

7.3.9　碳材料在物理吸附氢气中的应用

7.3.9.1　纳米管

　　纳米管是石墨的柱形管，管径为几个原子大小，长度为上万个原子大小。

　　一定的温度和压强下，碳纳米管能够使一个氢原子与晶格中的碳原子结合。当温度升高时，热运动导致氢原子被释放出来重新变成气态，从储气罐中取出作进一步的用途。

　　特定情况下，碳原子能够形成球状结构，称为富勒烯，经过进一步的舒展，能够卷起并形成典型的圆柱状碳纳米管。碳纳米管和富勒烯相似，是碳的一种同素异形体。

　　不同类型的碳纳米管可以分为以下两种类型：

　　1）单壁碳纳米管（Single-Wall Carbon Nanotube, SWCNT），是由单层石墨原子构成的圆柱体；

　　2）多壁碳纳米管（Multi-Wall Carbon Nanotube, MWNT），是由多层石墨卷成的同心圆柱体。

碳纳米管的主体是六角形的，封闭部分由六角和五角形同时构成。不规则的五角和六角结构会导致结构缺陷，使圆柱体变形。管径范围从 0.7nm 到 10nm 不等。高的长径比意味着这些纳米管是一维结构。

单壁碳纳米管不易被拉伸。它们具有特定的电学性能：取决于它们的管径和手性⊖（由碳纳米管管径圆周上的 C-C 键连接方式决定），它可以是金属般的导体或是像硅一样的半导体。

碳纳米管具有大的比表面积，估计每个面达到 1350m²/g，所以碳纳米管也可以用于气体储存。为了估算最大的容量，对碳纳米管的外壁和内壁进行无数的计算，包括管间区。对于单个碳纳米管，计算吸附最大百分比约为 10%，但是这只针对整齐的，而且是完美的碳纳米管。实际上，它们可以多点接触，从而导致可用于吸附气体的活性位点的减少。

7.3.9.2 活性炭

活性炭（Activated Carbon，AC）是一种多孔的，具有大比表面积的炭。与碳纳米管对比，活性炭生产工艺简单，而且比表面积比其他任何一种炭的都大：例如，商业用的活性炭 AX-21 的比表面积为 2800m²/g。

活性炭可以通过物理或者化学反应生产。物理活化过程同样有两种，过程需要用到木材或者木炭等原料：

1）无氧条件下，高温碳化或高温裂解原料；

2）利用高氧化性的材料将含碳材料氧化，氧化剂通常是 800~1100℃ 的水蒸气。

通过这种方法得到的孔结构的孔径小于 50nm，使活性炭成为多孔或者介孔材料。化学活化通常利用泥炭或者木材等原料，在高温下，把材料暴露于不同的化学品下，例如磷酸（H_3PO_4）或氯化锌（$ZnCl_2$）。材料被这些化学物质脱水变成糊状物，然后在 500~800℃ 被慢慢碳化，再用去离子水洗干净。与物理活化对比即使它可能会污染最终产物，这个过程既快又便宜。这个过程生产的活性炭的孔径大于 50nm，是介孔材料。

小孔的活性炭更适合过滤液体，介孔活性炭更适合处理烟，因为处理时它的流量不会降低。活性炭可以被用于空气系统、香烟过滤嘴、工业 CO_2 过滤装置、垃圾焚烧炉中烟的净化等。活性炭也可以和泡沫或者纤维混合，生产不同种类的材料。它们也可以用于工业废水处理，地下水过滤，除去饮用水中的二噁英、重金属和碳氢化合物。

⊖ 手性分子，是化学中结构上镜像对称而又不能完全重合的分子。

前面已经介绍，活性炭的特殊比表面积使其应用广泛。它可以通过 BET 方法计算。这种方法能够估算 BET 比表面积$^\ominus$，它是最重要的碳纳米结构的参数。它的值通常为 500~1500m^2/g，也可以达到 3000m^2/g。

另一个重要的参数是当碳在 954℃加热 3h 后剩下的灰渣。这些灰占材料原料的 3%~10%。用盐酸可以把它们清洗掉。

必须要了解原材料的韧性，因为它与活性炭过滤器的寿命有关。原材料的韧性取决于原材料本身和处理的工艺。

从经济性方面来看，另外一种需要考虑的因素是材料的密度，高密度可以减小材料的体积，增加材料的耐久性，但是也会降低气体流速和适用压力范围。材料的密度可以参考体积密度，它体现材料的结构和孔体积之间的关系，如果仅考虑碳材料的体积，可以参考骨架密度。对于 AX-21 来说，粉末材料的密度为 0.3g/cm^3，压成小球状活性炭的密度为 0.72g/cm^3。它的骨架密度为 2.3g/cm^3。

通过对活性炭孔隙率的测定可以了解对碳结构的吸附特性。例如，碘值的计算决定碘的吸附量（mg/g）。碘结构由大小约为 10Å（1Å=0.1nm）左右的分子组成，这些分子可以被吸附在同样尺寸的孔上。用于水处理的活性炭的碘值通常为 600~1200mg/g。

另一种相似的方法是运用亚甲蓝值，代表了亚甲基蓝被 1g 活性炭吸附的毫克数。亚甲基蓝分子的尺寸约为 15Å，它们也可以被吸附在同尺寸的孔上。其他的方法有糖蜜值法，这种方法可以测量尺度约为 28Å 的孔数目，以及四氯化碳值，表示对四氯甲烷的吸收。

活性炭可以通过物理吸附用于氢气的储存，第 9 章会详细介绍。

7.3.10 替代碳的物理吸附

目前的研究致力于寻找碳的替代物用于物理吸附，例如氧化硼（B$_2$O$_3$），已经被证明在 115K 时，具有很强的吸附能力。

7.3.11 沸石材料

沸石具有规则的、多微孔的晶体结构。由于它们对称性的分子结构，它可以被用作分子筛，相比于其他矿物如氧化硅或者活性炭而言，这些材料的孔结构和尺寸是不规则的，因此沸石对吸附分子具有更高的选择性。

$\ominus$　比表面积为单位质量的总表面积。

沸石结构中的阳离子可以活化离子交换过程：在溶液或者气氛中，这些阳离子会和适合的离子进行交换。当沸石被加热后，离子可以进入其中，并保持游离态，直到下次被加热。

自然界大约有 50 种不同化学性质和晶体结构的天然沸石，但是没有一种储氢的质量密度达到 2% ~ 3%。这些性能比美国能源部建立的标准低很多，所以最近研究者集中发展具有更高存储能力的人工沸石。

7.3.12　金属氢化物

最早关于金属氢化物的研究要追溯到 1866 年，格雷汉姆首次发现了钯对氢气的吸附现象。氢积累在特定类型金属的晶体结构中，形成金属氢化物。高压和放热有利于氢的吸附，热量的增加能使嵌入的氢恢复到原始气态。

整个过程是可逆的，分为两步：

1) 氢化作用或者放热吸附：把氢气注入含有金属氢化物的容器中，并与氢化晶格接触。这个过程在 3 ~ 6MPa 下进行，释放的热量约为 15MJ/kg。

2) 脱氢作用或者氢气的吸热脱附：温度升高到 500℃ 以上，氢可以被还原成之前的双原子结构释放出来。

根据氢化温度，可以把金属氢化物归类：氢化温度在 300℃ 以上，例如镁合金，拥有更高的储存容量。目前主要研究如何在低温（低于 100℃）下提高氢化能力，使其能够应用于 PEM 燃料电池。

给定一个等温线，储存过程被分为三步。第一步（α）是氢气扩散至金属结构中。用下式表示：

$$\sqrt{p} = K_s x \tag{7.49}$$

式中，K_s 为 Sievert 常数。

在第二步（$\alpha + \beta$）中，氢气开始和金属反应，忽略气体浓度的增加，压强不变。在最后一步（β）中，随着气体浓度的增加，压力开始攀升。用下式表示第二步和第三步：

$$\ln(p) = \frac{a}{T} + b \tag{7.50}$$

和

$$a = \frac{\Delta H^{\alpha \to \beta}}{xR} \tag{7.51}$$

式中，b 为实验测得的参数。这个过程是可逆的，可以引入金属 M 表示如下：

$$M + \frac{x}{2} H_2 \quad \longleftrightarrow \quad MH_x + \Delta H^{\alpha \to \beta} \tag{7.52}$$

式中，M 为金属；MH 为金属氢化物；x 为氢原子的量；$\Delta H^{\alpha \to \beta}$ 为金属氢化物的焓变。

金属氢化物中氢的平衡浓度会根据气体温度和压力改变：当温度不变时，氢的浓度随压力的升高而增加。因此，根据压力和气体温度可以得出吸附等温线。

氢气的平衡压力 p_{eq} 可以通过范德霍夫方程计算：

$$\ln(p_{eq}) = \frac{\Delta H}{RT} - \frac{\Delta S}{R} \tag{7.53}$$

式中，ΔH 为生成焓的变化（J/mol）；ΔS 为生成熵的变化（J/mol）。

根据热容量法，氢化层的温度 T 随着时间变化。氢气的吸附和脱附需要热量，可以计算如下：

$$C_{mh} \frac{dT(t)}{dt} = Q_{mh}(t) - k[T(t) - T_a] \tag{7.54}$$

式中，C_{mh} 为氢化物的热容；Q_{mh} 为氢化物产生或者需要的热量，在氢气吸附或者脱附过程中提供或者释放；k 为热损失系数；T_a 为环境温度。

结合燃料电池系统，在燃料电池工作过程中，可以利用部分电池产生的热能来为储氢过程中的热循环服务。

7.4　化学存储

7.4.1　化学氢化

在常温常压下，化学氢化是一个可逆的氢化作用过程，可以用于氢的储存，它们可以达到很高的存储容量。例如硼氢化锂（LiBH₄）中，氢的质量百分比为18.5%，13.8%为可逆的氢。不是所有的氢都能够被释放出来，由于部分氢仍然和锂键合，如下：

$$\text{LiBH}_4 \longleftrightarrow \text{LiH} + \text{B} + \frac{3}{2}\text{H}_2 \tag{7.55}$$

LiH 很稳定，不能分解；事实上，它的分解温度（573K）高于 LiBH₄ 的熔化温度（550K）。

用硼氢化钠（NaBH₄）替代硼氢化锂和水反应，钌作为催化剂，反应过程如下：

$$\text{NaBH}_4 + 2\text{H}_2\text{O} \longrightarrow 4\text{H}_2 + \text{NaBO}_2 + 300\text{kJ} \tag{7.56}$$

重量百分比可达 7.5%。这个过程产生的氢气达到很高的纯度，可以用在 PEM 燃料电池中。

作为一种选择，氢气可以通过直接分解硼氢化钠获得，反应式如下：

$$NaBH_4 + 8OH^- \longrightarrow NaBO_2 + 6H_2O + 8e^-$$
(7.57)

硼酸钠可以再度反应生成硼氢化钠。

这种技术最大的优点是它具有长效的储存能力，有效期可至 100 天以上。生产成本比传统的化石燃料低。它也可以用于基础设施建设，由于其安全性能高且运输廉价。硼氢化钠已经用于航空航天和汽车工业中。

参 考 文 献

1. Aranovich G L, Donohue M D (1996) Adsorption of supercritical fluids. Journal of colloid and interface science 180:537–541
2. Atkins P, De Paula J (2006) Atkins's Physical Chemistry. Oxford University Press, Oxford
3. Aziz R A (1993) A highly accurate interatomic potential for argon. J. Chem. Phys. 6 (99):4518
4. Bénard P, Chahine R (2001) Determination of the adsorption isotherms of hydrogen on activated carbons above the critical temperature of the adsorbate over wide temperature and pressure ranges. Langmuir 17:1950–1955
5. Bénard P, Chahine R, Chandonia P A, Cossement D et al (2007) Comparison of hydrogen adsorption on nanoporous materials. J. Alloys and Compounds 446–447:380–384
6. Bénard P, Chahine R (2007) Storage of hydrogen by physisorption on carbon and nanostructured materials. Scripta Materialia 56:803–808
7. Brunauer S, Emmett P H, Teller E (1938) Adsorption of gases in multimolecular layers. J. Am. Chem. Soc. (60):309–319
8. Cheng J Yuan X, Zhao L, Huang D et al (2004) GCMC simulation of hydrogen physisorption on carbon nanotubes and nanotube arrays. Carbon 42:2019–2024
9. Chen X, Zhang Y, Gao X P, Pan G L et al (2004) Electrochemical hydrogen storage of carbon nanotubes and carbon nanofibers. International Journal of Hydrogen Energy 29:743–748
10. Frackowiak E, Beguin F (2002) Electrochemical storage of energy in carbon nanotubes and nanostructured carbons. Carbon 40:1775–1787
11. Fukai Y (1993) The Metal-Hydrogen Systems: Basic Bulk Properties. Springer-Verlag, Berlin
12. Gregg S J, Sing K S W (1982) Adsorption, Surface Area and Porosity, 2nd ed. Academic Press, New York
13. Hirscher M, Becher M, Haluska M, Quintel A et al (2002) Hydrogen storage in carbon nanostructures. Journal of Alloys and Compounds 330–332:654–658
14. Hirscher M, Becher M, Haluska M, von Zeppelin F et al (2003) Are carbon nanostructures an efficient hydrogen storage medium? Journal of Alloys and Compounds 356–357:433–437
15. Iijima S (1191) Helical microtubules of graphitic carbon. Nature 354:56–58
16. Jhi S-H, Kwon Y-K, Bradley K, Gabriel J-C P (2004) Hydrogen storage by physisorption: beyond carbon. Solid State Communications 129:769–773
17. Lamari Darkrim F, Malbrunot P, Tartaglia G P (2002) Review of hydrogen storage by adsorption in carbon nanotubes. Int. J. of Hydrogen Energy 27:193–202
18. Panella B, Hirscher M, Roth S (2005) Hydrogen adsorption in different carbon nanostructures. Carbon 43:2209–2214

19. Reilly J J (1977) Metal hydrides as hydrogen energy storage media and their application. In: Cox K E, Wiliamson K D (eds.) Hydrogen: Its Technology and Implications, vol. II. CRC Press, Cleveland, pp. 13–48

20. Sandrock G, Thomas G (2001) IEA/DOC/SNL on-line hydride databases. Appl. Phys. A72 153

21. Schimmel H G, Nijkamp G, Kearley G J, Rivera A et al (2004) Hydrogen adsorption in carbon nanostructures compared. Materials Science and Engineering B108:124–129

22. Thomas K M (2007) Hydrogen adsorption and storage on porous materials. Catalysis Today 120:389–398

23. Vanhanen J P, Lund P D, Hagström M T (1996) Feasibility study of a metal hydride hydrogen store for a self-sufficient solar hydrogen energy system. Int. J. Hydrogen Energy 21:213–221

第8章　其他电力储能技术

寻求一种有效的电力储能方法是实现小型和大型应用的一个重要目标。本章探讨了该研究领域中一些最好的方法，比如电化学电池储能、压缩空气储能、抽水蓄能、抽热蓄能、超级电容器储能以及其他的创新技术。

8.1　引言

下面是电力储能有希望在不久的将来取得实质性进展的一些最有前景的技术方法：

1）电化学储能；
2）超级电容器储能；
3）压缩空气储能；
4）地下抽水蓄能；
5）抽热蓄能；
6）天然气生产储能；
7）飞轮储能；
8）超导磁储能。

8.2　电化学储能

电池或蓄电池是一种能将电能转化为化学能，在充电周期内将其储存并在放电周期内使其重新转化为电能的一种电化学装置。由于这种特性，它广泛应用于各种不同行业中。

电池中储存的总能量 $E(t)$ 为

$$E(t) = E_{in} + \int_0^t U_B(t) I_B(t) \, dt \tag{8.1}$$

式中，E_{in} 是电池储存的初始能量；U_B 和 I_B 分别是电池电压和电流。我们知道电池能够储存的最大能量 E_{max} 取决于电池的内部结构特征。一个电池的荷电状态（State Of Charge，SOC）定义为

$$SOC = \frac{E(t)}{E_{max}} \tag{8.2}$$

电池电压通常维持在一个额定范围内，以此来避免电池的不可逆损坏。因此，通常一个电池系统控制充放电周期在储能为 20% ~ 30% $E_{\max}$ 时获得最小的 SOC，而在 80% ~ 90% $E_{\max}$ 时获得最大的 SOC。

图 8.1 是一个 12V 电化学电池开路电压随 SOC 的变化曲线。

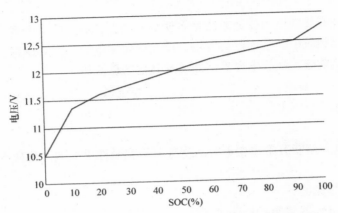

图 8.1　12V 电池开路电压与 SOC 的函数关系

电池电流 I_B 通常在充电时是正的，而放电时则是负的。

电池电压 $U_B(t)$ 为：

$$U_B(t) = (1 + \alpha t) U_{B,0} + R_i I_B(t) + K_i Q_R(t) \tag{8.3}$$

式中，t 是时间；α 是自放电速度（Hz）；$U_{B,0}$ 是 $t = 0$ 时的开路电压；R_i 是电池内阻；K_i 是考虑电池极化现象时的系数（Ω/h）；$Q_R(t)$ 是积累电荷（Ah）。

当能量系统中其他设备打开或关闭时，电化学电池的一个重要功能在于其能够平缓由此带来的电压波动，提升供能质量。

在许多可用的不同类型电池中，本小节中将讨论以下三种电池技术：

1）阀控式铅酸电池；

2）锂离子电池；

3）全钒氧化还原液流电池（简称钒电池）。

8.2.1　阀控式铅酸电池

阀控式铅酸（Valve Regulated Lead-Acid，VRLA）电池具有在充放电或正常使用时零排放的优点。基于这个原因，它们特别适合且安全地在氢能系统中使用。

VRLA 电池最常用的两种类型是：

1）AGM 型电池（玻璃纤维隔板技术）：在这类型电池中，电解液绝大部分吸附在玻璃纤维阵列中。与传统电池相比，AGM 型电池具有内阻小、耐高温、放电率低以及能量密度高的优势，因此它适用于电动汽车中。

2）GEL 型电池（胶体技术）：电解液是由硅溶胶和硫酸电解液混合配成的胶体。这种非流动的特性使电池避免了任何泄漏和蒸发失水的问题，并且这种电池装置不需要保持直立，是可以倒置的。同时这种电池具有耐外部影响、冲击、振动和高温的特性。

VRLA 电池的充放电过程是通过铅离子在两电极间的移动产生的。阳极由铅制成，阴极则由多孔氧化铅制成。

放电周期中，阳极材料铅与硫酸反应生成铅离子（Pb^{2+}）和在外部电路中流动的 e^-，这个氧化反应为

$$Pb \longrightarrow Pb^{2+} + 2e^- \tag{8.4}$$

阳极上，硫酸铅和氢离子通过下面的反应形成：

$$Pb^{2+} + HSO_4^- \longrightarrow PbSO_4 + H^+ + 2e^- \tag{8.5}$$

氧化铅电极上，来自于外部电路的 e^- 和 Pb^{4+} 发生还原反应：

$$Pb^{4+} + 2e^- \longrightarrow Pb^{2+} \tag{8.6}$$

阴极上，硫酸铅和水则按照下面的反应生成：

$$PbO_2 + HSO_4^- + 3H^+ + 2e^- \longrightarrow PbSO_4 + 2H_2O \tag{8.7}$$

充电过程类似于放电过程，是放电过程的逆反应，最终使得电解液恢复到初始状态。

VRLA 电池的输出电压约为 2V，是正负极反应电位（标准电极电位分别是 $-0.36V$ 和 $1.69V$）的绝对值之和。因此可以将各个电池串联成电池组使用，电池的个数取决于所期望的输出电压。一般，对于非固定式应用，输出电压为 12V；而对于固定式应用，电压可在 $24 \sim 220V$ 之间变化。

VRLA 电池的能量密度通常在 $20 \sim 40Wh/kg$ 范围内。

8.2.2　锂离子电池

锂离子电池普遍应用于许多不同的工业、军事和民用领域中。它具有高能量密度、高可靠度、高效性以及大的可操作温度范围等优点。

传统锂离子电池中，电解液是溶于有机溶剂的锂盐（如 $LiPF_4$、$LiPF_6$、$LiAsF_6$、$LiClO_4$）构成的非水电解质溶液。阳极通常由石墨制成，阴极则由金属氧化物（如 $LiCoO_2$）、晶体氧化物（如 $LiMg_2O_4$）或聚阴离子（poly-anions）$^\ominus$ 化合

$\ominus$　聚阴离子：穿插在分子结构不同位点的带负电分子。

物（如 $LiFePO_4$）制成。一种特殊塑料薄片将电池分为正半电池和负半电池；塑料上的微孔使得锂离子在两个半电池间移动。

充电过程中，电极电动势使锂离子从阴极（正电极）移动到阳极（负电极），然后嵌入（Intercalation）[⊖]到多孔石墨材料中。放电过程中，锂离子则通过相反的路径经过隔膜返回到阴极。由此在两个电极间的外部电路中产生电能。

正电极发生的反应为（x 是摩尔数目，箭头从右到左表示充电方向）

$$LiCoO_2 \longleftrightarrow Li_{1-x}CoO_2 + xLi^+ + xe^- \tag{8.8}$$

负电极上反应为

$$xLi^+ + xe^- + 6C \longleftrightarrow Li_x \tag{8.9}$$

一般每个电池的输出电压是 $3 \sim 4V$，这比其他类型的电池高，也使得这种电池更轻、更紧密、更加适合于非固定式应用。能量密度则通常在 $80 \sim 180Wh/kg$ 范围内。

由于锂是一种稀缺资源，因此市场上一旦出现锂电池的大突破可能就会造成经济成本增加、政治局势紧张，未来则最终需要寻找一种替代品。锂离子电池的其他缺点包括：使用寿命短以及若发生深放电则可能造成电池损坏。

尽管存在这些担忧，但是在被新的更好的储能材料取代前，锂离子电池很可能成为开拓电动汽车和分立式储能设备市场的先驱者。

8.2.3　钒电池

钒是一种原子序数为 23 的过渡金属，自然界中只以化合物的形式存在。全钒氧化还原液流电池（Vanadium Redox Battery，VRB）简称钒电池，利用不同氧化态的钒来储存化学势能。钒电池由发生反应的电池组、两个由硫酸和钒盐混合溶液构成的电解质槽以及使电解液在电池组中流动的泵构成（见图 8.2）。电池组间由离子交换膜隔开。

钒能够形成四种不同氧化态的离子，元素周期表中只有很少的其他元素才具有这个特性。这就是为什么钒电池在两个半电池中使用同种金属离子的原因，这就排除了其他类型的氧化还原电池中所观察到的电解质交叉污染的问题。

电子按照下面的反应在电极间发生交换，从左到右代表充电方向，放电则是相反方向。正电极发生的反应是

$$VO^{2+} \longleftrightarrow VO_2^+ + e^- \tag{8.10}$$

⊖　嵌入：不同类分子嵌入到其他不同分子结构中。这个嵌入过程是可逆的。

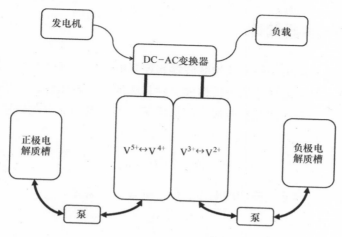

图 8.2　钒电池原理图

负电极发生的反应则是

$$V^{3+} + e^- \longleftrightarrow V_2^+ \tag{8.11}$$

总反应为

$$V^{3+} + VO^{2+} \longleftrightarrow V_2^+ + VO_2^+ \tag{8.12}$$

再充电过程中，正半电池中的 VO^{2+} 转变为 VO_2^+，电子进入电池阳极的电路中。同时，负半电池电路中的电子与 V^{3+} 反应并将其转化成 V^{2+}。放电过程则是上述过程的逆反应。25℃ 时单个电池的典型开路电压是 1.41V。在 10～35℃ 电解，超过 10000 次的充放电循环，功率为 0.5～100MW 范围内时，钒电池的全循环效率为 70%～80%。与电化学电池不同的是，钒电池的工作周期高达 100%，因此钒电池不需要避免深放电。一个重量约 5000kg、面积 1.5m² 、高度 2m 的钒电池的储存容量约为 40kWh。它的能量密度大约为 14Wh/kg，但计算时若将整个系统考虑进去则能量密度可能将减少一半。

钒电池有许多优点。首先，它的响应速度快，通常完全充电小于 1ms。另外，电池允许多达 10 多秒钟的 400% 的过载，而且通过再填充电解液槽，电池容量几乎可以无限大。此外，钒电池没有任何记忆效应；万一两种电解液互相混合，也没有任何损坏迹象。但是，钒电池系统相当复杂，需要较大的体积才能达到令人满意的存储标准，由此导致了低能量体积比。如果未来获得更高的体积能量密度，那么钒电池的再填充容量（Refill Capacity）则可能有助于其在非固定式应用方面的拓展：例如，配备钒电池的电动汽车在燃料配送方面理论上可以重新填充，并且和传统方法一样快。

8.3　超级电容器储能

电容器广泛应用于电子产品如滤波器和控制电路中。最简单的电容器是由电介质分隔开的一对表面导电的极板构成。对其施加一个电压后，一个极板带正电荷，另一个带负电荷，因此在两极板间形成了一个静电场。由此储存在电容器中的静电能为

$$E = \frac{1}{2}CU^2 \tag{8.13}$$

式中，U 是电容器上施加的电压；C 是电容，定义为

$$C = \varepsilon \frac{S}{d} \tag{8.14}$$

式中，d 是两极板间间距；S 是极板面积；ε 是两极间绝缘电介质常数。为了提高电容器的储能能力，拥有一个更大的电介质常数和大面积以及比较短的极板间距是有必要的。

超级电容器是一种电化学电容器，它利用在固体电解质表面形成的亥姆霍兹双电层（Helmholtz Double Layer）⊖来储存电能。

电解液中的离子电荷移动到电极上与电极表面的电子电荷形成一个静电场。超级电容器中储存的能量大小取决于电解液浓度和离子的物理性能。电化学双电层的电场可以高达 $10^6\,\mathrm{V/cm}$ 量级。

电极表面的双电层产生一个叫微分电容的附加电容 C_Δ：

$$C_\Delta = \frac{\mathrm{d}\sigma}{\mathrm{d}\psi} \tag{8.15}$$

式中，σ 是表面电荷；ψ 是电极表面电动势。

超级电容器的电极可以由诸如 RuO_2、IrO_2 的金属氧化物、聚合物材料或比表面积为 $2500\mathrm{m}^2/\mathrm{g}$ 的多孔碳制成。多孔电极拥有比较大的反应面，能够产生更高的电容从而提高储能能力。电解液可以是有机溶剂或类似于 H_2SO_4 的水溶液形成。超级电容器的充放电循环次数几乎无限，功率密度（$10 \sim 10^6\mathrm{W/kg}$）、能量密度（$0.05 \sim 10\mathrm{Wh/kg}$）可调范围大，这些特性使其成为许多储能应用的首要选择。

⊖　双电层（Double Layer）：双电层是在浸入液体的固体表面上形成的两个平行电荷层的结构。其中一个电荷层由化学吸附在固体表面的离子组成，另一个则由固体表面吸附的离子与液体中的离子由于静电作用形成。

8.4 压缩空气储能

早在 20 世纪 60 年代，人们就已经开始研究压缩空气储能（Compressed Air Energy Storage，CAES）技术，但直到现在也只取得了一点成果并投入到应用中。早期的系统需要一个复杂的地下压缩空气储能系统，但最近技术的进步使得地上储能系统成为可能。

最近研发出一种具有双储气容器、电动发动机/发电机设计的恒温压缩空气储能装置。需要储能时，电动泵压缩空气从一个容器转移到另一个容器，压缩同时给空气喷水冷却来维持空气恒温。然后加热的水储存到蓄水池中。当过程反过来时，空气通过泵进行膨胀，这时泵就充当发电机。这个恒温压缩循环的效率比非恒温的要高，并且简化了设计以及容器、管道的建造。

8.5 地下抽水蓄能

水力发电站的泵在非电力高峰期将上游的水抽上来，然后在高峰期利用这些水发电，将非高峰期的多余电能转变为高峰期的高价值电能。这种做法与其说是储存能量，不如说是对基于能源价值利用的判断。由于水力发电站已经充分开发，所以不能把它们看成是一个额外的储能系统。基于环境影响和新水源、水库的短缺原因，新水电站的建造困难使这点变得更加现实。

作为这些水电站的另一种选择，可以在地面上钻一对深达几百米的平行井口：主井眼作为深储能管道，较小的一个作为回水管。两个井孔均与水泵涡轮机连接，主管道内放置一个可上下自由移动的配重片。

储能时，涡轮机利用剩余能量将水从回水管中抽至储能管的底部；此时配重片被迫上升，能量以势能形式存储起来。使用时，配重片由于自身重量下降，将水压回水管中。这样储存的由配重片产生的势能就转化为涡轮机的电能。转化效率高达 80%。只要 7 ~ 10 英亩（1 英亩 = 4046.86m²）的面积就可以达到 2GW 的存储容量。

8.6 抽热蓄能

这种方法类似于 8.5 节中的抽水蓄能，但这里利用的是热而非水。这种方法中，水库相当于两个填满碎石并与压缩空气管道以及热泵连接的容器。热泵利用剩余能量将压缩空气加热到 500℃。加热气体就进入其中一个容器，进而改变碎石的温度。

当需要能量时，上述循环就倒过来，气体通过膨胀降到 – 160℃。冷却气体与第二个碎石容器交换热，此时热泵逆向工作，并将热能重新转化为电能。

一个能量为 16MWh 的系统可以覆盖 128m² 的面积，并拥有 70% ~ 80% 的总效率。

8.7　天然气生产储能

电力也可以通过两步处理后以天然气的形式存储起来：首先一个利用剩余能量的普通电解过程将水电解为氧气和氢气，然后氢气和 CO_2 反应生成甲烷产物。

这种方法的效率大约为 60%。一旦碳封存变得普遍起来，天然气储能将会是利用本应闲置封存在地下洞穴或容器中的 CO_2 的一种最佳利用方案。

8.8　飞轮储能

新石器时代人类就已经知道像飞轮一样的旋转物体具有存储动能的能力。飞轮是一种广泛使用的机械装置，也是一种在某些情形下可以取代传统电化学电池的机械储能系统。

飞轮通常是存储有大量转动能的轮辐式圆盘或圆柱。当飞轮连接到电动机或发电机上时，电动机加快飞轮的角速度，飞轮就存储能量；当发电机起类似制动功能而降低飞轮的角速度时，飞轮就释放能量给发电机。

一个旋转的飞轮所具有的能量为

$$E = \frac{1}{2} I \omega^2 \tag{8.16}$$

式中，ω 是角速度；I 是转动惯量，对于圆盘可以由下式简单给出：

$$I = \frac{1}{2} m (r_{ext}^2 - r_{int}^2) \tag{8.17}$$

式中，m 是质量；r_{ext} 是圆盘的外半径；r_{int} 是圆盘的内半径。

一般来说，飞轮可设计为一个短时间能量需求的不间断电源供电系统。小规模能量存储方案的例子是：一个面积为 0.6m²、高度为 2m、最大功率容量为 300kW 的飞轮的容器，在 100kW 时，存储的最大能量为 4MW。为了满足更高的储存需求，更大规模以及更多的容器是必需的。

飞轮储能的主要优点是维持充放电循环周期的容量不会下降。另外，和 VR-LA 电化学电池储能相比，飞轮储能的使用寿命至少有 20 年，它更加可靠和耐用。惰性材料的使用使得飞轮比传统电池更加地环境友好。但是同时飞轮储能也存在一些能显著影响其应用的缺点。首先，飞轮由于其重量大以及回转效应仍然不能马上使用到非固定式应用中去。飞轮的回转效应使其不能完全改变车辆的运动行为并给它的机械设计带来了问题。另一个局限性则和安全风险有关，由于额外的机械应力，飞轮可能会发生炸裂。因此为了避免任何偶然的电过充问题，飞轮设计中考虑其抵抗风险的能力是至关重要的。

为了减少因为摩擦而减少的存储容量，飞轮储能采用磁轴承而非机械轴承。利用超导性来提升非接触式轴承的悬浮力，这样系统就获得了一个非常高的循环率和功率容积比。

8.9 超导磁储能

除了飞轮储能外，材料的超导性也被应用到超导磁储能中。这种技术中，超导磁体维持在低温，并通过电磁感应现象来存储能量。能量为

$$E = \frac{1}{2}LI^2 \tag{8.18}$$

功率则为

$$P = \frac{\mathrm{d}E}{\mathrm{d}t} = UI \tag{8.19}$$

式中，L、I、U 分别是线圈的电感、直流电流和直流电压。因为能量以循环电流的形式存储，所以系统的响应时间可以非常短；但是，将直流电转化为交流电则能将系统效率降低到 95% 左右，功率密度则接近 $10^3\,\mathrm{W/kg}$。

参 考 文 献

1. Besenhard J O, Eichinger G (1976) High Energy Density Lithium Cells. Part I. Electrolytes and Anodes. J Electroanal Chem 68 (1):1–18
2. Besenhard J O, Eichinger G (1976) High Energy Density Lithium Cells. Part II. Cathodes and Complete Cells. J Electroanal Chem 72(1):1–31
3. Bilodeau A, Agbossou K (2006) Control analysis of renewable energy system with hydrogen storage for residential applications. Journal of Power Sources 162:757–764
4. Conway B E (1999) Electrochemical Supercapacitors, Plenum Publishing, New York
5. Huang K-L, Li X, Liu S, Tan N, Chen L (2008) Research progress of vanadium redox flow battery for energy storage in China. Renewable Energy 33:186–192
6. Jin J X (2007) HTS energy storage techniques for use in distributed generation systems. Physica C 460–462:1449–1450
7. Koshizuka N, Ishikawa F, Nasu H, Murakami M et al (2003) Progress of superconducting bearing technologies for flywheel energy storage systems. Physica C (386):444–450

8. Kötz R, Carlen M (2000) Principles and applications of electrochemical capacitors. Electrochimica Acta 45:2483–2498

9. Lee K, Yi J, Kim B, Ko J et al (2008) Micro-energy storage system using permanent magnet and high-temperature superconductor. Sensors and Actuators A 143:106–112

10. Linden D, Reddy T B (eds.) (2002) Handbook Of Batteries, 3rd ed. McGraw-Hill, New York

11. Martha S K, Hariprakash B, Gaffoor S A, Amblavanan S et al. (2005) Assembly and performance of hybrid-VRLA cells and batteries. Journal of Power Sources (144) 2:560–567

12. Muneret X, Gobé V, Lemoine C (2005) Influence of float and charge voltage adjustment on the service life of AGM VRLA batteries depending on the conditions of use. Journal of Power Sources 144 (2):322–328

13. Pascoe P E, Anbuki A H (2004) A VRLA battery simulation model. Energy Conversion and Management 45 (7–8):1015-1041

14. Peltier R (2011) Energy storage enables just-in-time generation. Power, April

15. Sharma P, Bhatti T S (2010) A review on electrochemical double-layer capacitors. Energy Conversion and Management 51:2901–2912

16. Silberberg M (2006) Chemistry: The Molecular Nature of Matter and Change, 4th ed. McGraw-Hill Education, New York

17. Skyllas-Kazacos M, Rychcik M, Robins R et al (1986) New all-vanadium redox cell. J Electrochem Soc 133:1057–1058

18. Sum E, Skyllas-Kazacos M (1985) A study of the V(II)/V(III) redox couple for redox flow cell applications. J Power Sources 15:179–190

19. Sum E, Rychcik M, Skyllas-Kazacos M (1985) Investigation of the V(V)/V(IV) system for use in the positive half-cell of a redox battery. J Power Sources 16:85–95

20. Sung T H, Han S C, Han Y H, Lee J S et al (2002) Designs and analyses of flywheel energy storage systems using high-Tc superconductor bearings. Cryogenics 42:357–362

21. Ulleberg Ø (1998) Stand Alone Power Systems for the Future: Optimal Design, Operation and Control of Solar Hydrogen Energy Systems. Ph.D. thesis, Norwegian University of Science and Technology, Trondheim

22. Whittingham M S (1976) Electrical Energy Storage and Intercalation Chemistry. Science 192 (4244): 1126–1127

23. Wolsky A M (2002) The status and prospects for flywheels and SMES that incorporate HTS. Physica C (372–376):1495–1499

24. Zheng J P, Jow T R (1996) High energy and high power density electrochemical capacitors. Journal of Power Sources 62:155–159

第9章 太阳能制氢的能量转换、储存及利用系统的仿真研究

太阳能制氢的能量转换、储存及利用系统整合了太阳能和风能，从而提供了一个可靠的能源供应。太阳和风的能量输入不稳定，为了解决这个问题，必须使用储能设备来削峰填谷。利用太阳电池或者风力发电机能够将可再生能源转换成电能。并利用电解槽、储能装置、燃料电池以及其他相关设备，把电能转换成氢能加以储存，需要能源时将氢能转换为电能，这样确保整个太阳能制氢系统的有效运行。本章详细阐述数学模型以及相关的仿真，有助于对整体系统的设计和理解。

9.1 太阳能制氢的能量转换、储存及利用系统

太阳能制氢的能量转换、储存及利用系统是一系列具有特定功能的子系统的有机结合。该系统将可再生的太阳能转化为氢能进行存储，进而转换成电能提供动力。整体系统的原理图如图9.1所示。

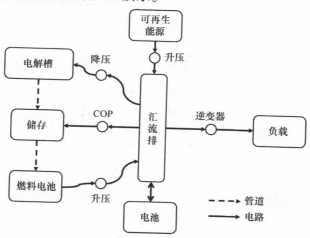

图9.1 太阳能制氢的能量转换、储存及利用系统原理图

作为通常的配置，可再生能源连接在直流汇流系统的升压变换器[⊖]上，这构

⊖ 升压变换器是一种使输出电压高于输入电压的 DC-DC 变换装置。

成了整个系统的基础。通过一个降压变换器[⊖]，电解槽利用汇流系统提供的能量分解出氢气和氧气，进而存储起来。当存储器基于热力循环进行调控时，控制系统通过性能系数（COP）控制其他辅助收集系统以防存储器过热或者过冷。COP表示收集系统提供的热能与维持热力循环耗费的电能的比率，COP越高意味着更高的系统整体效率。

汇流系统上连接一个电池，以弱化汇集系统的开启/关闭带来的电压冲击。同时当燃料电池未开启时该电池提供了一个初始的电源。基于设定的逻辑控制，除非达到电池的设定最低剩余电量（SOC），否则该电池不会进行放电。最后，电源的能量来源于汇流系统 DC-AC 变换器（逆变器）。

存储方法可以基于传统的或者更为先进的技术。在本章，太阳能制氢的能量转换、储存及利用系统将基于活性炭吸附的传统压缩收集方法进行仿真。

9.2 逻辑控制

既然系统中的所有设备基于自身运转的原理都会引入能量损耗，那么整体系统的能量损失就相当可观。为了防止过多的损耗以便获得最高的整体效率，整体的自动控制必须达到最佳。

为了调整如此复杂的能量系统，如 PLC 或者工业监控系统等控制装置必须被引入以便于对收集系统的工作条件进行监控，从而对整个系统的工作参数进行调配。决策过程的流程图如图 9.2 所示。

流程控制基于汇流系统的电流平衡：

$$I_{\text{res}\to\text{bus}} - I_{\text{bus}\to\text{el}} - I_{\text{bus}\to\text{sto}} + I_{\text{fc}\to\text{bus}} - I_{\text{bus}\to\text{load}} \pm I_{\text{res}\leftrightarrow\text{bat}} \tag{9.1}$$

图中输入电流为正，输出电流为负，下标表示如下：

1）res：可再生能源；

2）bus：汇流系统；

3）el：电解槽；

4）sto：存储控制系统；

5）fc：燃料电池；

6）load：载荷；

7）bat：电池。

当可再生能源没有转换足够的能量支持载荷（$I_{\text{res}\to\text{bus}} < I_{\text{bus}\to\text{load}}$）时，电池的

⊖ 降压变换器是一种使输出电压低于输入电压的 DC-DC 变换装置。

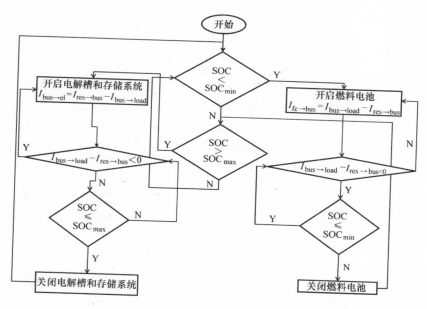

图 9.2　逻辑控制流程图（基于参考文献［29］的许可）

电流 $I_{bat \leftrightarrow bus}$ 为正，电池放电弥补能量缺口。当电池剩余电量低于设定值时，燃料电池开启进行电力供应。当 $I_{res \to bus} > I_{bus \to load}$ 时，燃料电池断开，电池的电流 $I_{bat \leftrightarrow bus}$ 为负。当电池达到最高的剩余电量时，电池断开，电解槽和存储器收集系统开机存储氢能。

利用交替控制逻辑设计制定出各式各样的控制策略以使系统的运行最优。

9.3　性能分析

为了有助于评价收集系统和整体系统的效率，图 9.3 给出了可再生能源、化学能、热能和电能传递过程。这对于优化技术上的设计非常重要，据此可以得到一个全面的消耗与获益的分析，从而获得系统实用化的热力学可行性评估。

当进行评估之后，由于存储系统中活性炭的脱附能可在吸附时利用第一近似法得到，因此存储系统的活性炭所包含的热能吸收和释放将不再考察。通常来说，传统的压缩存储方式的热能将直接损耗在环境中。

在计算过程中，燃料电池和电解槽运行所产生的热量将不予考虑。如果燃料电池使用 CHP 电池单元，整体系统的效率会更高。

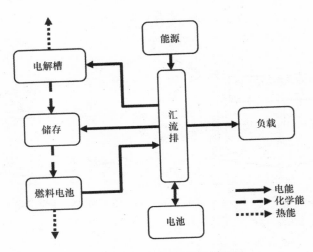

图 9.3   氢能系统中的能量传递

9.3.1   收集系统效率

9.3.1.1   光伏模块

光电转换效率取决于模块本身技术及其各式各样的损耗对理论光电转换效率的影响。在下述仿真过程中光电转换效率将被取为 12.7%，即为硅晶光伏技术的最低效率。

对于整体系统效率来说，光电转换效率是最显著和重要的限制条件，因此光电转换效率的增加意味着整体转换效率的有效提升。虽然硅晶电池的转换效率似乎已经达到了最大值，为 20%～25%，但是其他的光伏技术具有高达 40%～50% 的潜在效率。

9.3.1.2   风力发电机

风通过撞击风力发电机风轮引起空气扰流，利用机械联轴器，异步发电机以及 DC-AC 变换器从而使动能转换成电能。为了得到最终的效率，切入、切出以及持续风速，以上设备的损失必须予以考虑。

仿真过程中涉及的参数见表 9.1。

表 9.1   风电系统转换效率

c_p	0.45
机械损失	60%
R1、R2	0.02
DC-AC 变换效率	90%

效率 η_{Wind} 是转换为电能的能量 P_{Aero} 与风轮接受的风能之间的比值：

$$\eta_{\text{Wind}} = \frac{P_{\text{Aero}}}{\dfrac{\rho}{2}A\displaystyle\int_0^T v^3 \, dt} \tag{9.2}$$

9.3.1.3　电解槽

电解槽效率定义为

$$\eta_{\text{EI}} = \frac{\text{LHV}_{H_2}\displaystyle\int_0^T \dot{n}_{H_2} \, dt}{\displaystyle\int_0^T P_{\text{el}} \, dt} \tag{9.3}$$

式中，LHV_{H_2} 是氢的低位热值；$\dot{n}_{H_2}$ 是氢的迁移摩尔浓度；P_{el} 是电解槽的输入功率。积分限为 $0 \sim T$，单位是 s/年。

法拉第效率 n_F 定义为

$$\eta_F = \frac{\dot{n}_{H_2} z F}{N_c I_{\text{el}}} \tag{9.4}$$

式中，$\dot{n}_{H_2}$ 是氢的迁移摩尔浓度；N_c 是串联电池数目；I_{el} 是电流；z 是水分解反应中电子数（数值为 2）；F 是法拉第常数。在下一步仿真中，F 的值取为 90%。

9.3.1.4　燃料电池

燃料电池的效率定义为

$$\eta_{\text{FC}} = \frac{U_{\text{fc}}}{N_c I_{\text{rev}}} \tag{9.5}$$

式中，U_{fc} 是燃料电池电极的电压；N_c 是电堆数目；U_{rev} 是一个电堆的可逆电动势。

法拉第效率 η_F 定义为

$$\eta_F = \frac{N_c I_{\text{fc}}}{\dot{n}_{H_2} z F} \tag{9.6}$$

式中，I_{fc} 是燃料电池的感应电流。同上，F 设定为 90%。

9.3.1.5　压缩机

压缩效率定义为

$$\eta_{\text{comp}} = \frac{\dot{n}_{\text{gas}} L_{\text{comp,id}}}{P_{\text{comp}}} \tag{9.7}$$

式中，$\dot{n}_{\text{gas}}$ 是压缩过程中压缩气体的摩尔数；$L_{\text{comp,id}}$ 是理想摩尔压缩功；P_{comp} 是压缩机功率。在此条件下，压缩效率近似等于 92%。

9.3.1.6　电气系统

电气辅助系统协助氢系统工作，包括降压变换器、升压变换器和 DC-AC 变换器。它们的效率取决于实时电流和电压，可以从制造商的说明书中查到。本文仿真设计的参数见表9.2。

表9.2 电气辅助设备效率

降压转换器	95%
升压转换器	95%
逆变器	95%

9.3.2 整体效率

整体效率的评估基于多少可再生能源被转换成化学能和电能从而承担负载。由于提供优化逻辑控制和结构尺寸的可能性，这些计算也非常重要。

下文中效率计算不考虑电解槽和燃料电池的热量传递，燃料电池也不提供辅助系统的电力消耗（例如编程控制或者系统制动）。

9.3.2.1 氢生产效率

如果可再生能源是太阳光伏能源，氢生产效率定义为

$$\eta_{Prod} = \frac{HHV_{H_2} \int_0^T \dot{n}_{H_2} dt}{A \int_0^T G_T dt} \qquad (9.8)$$

式中，HHV_{H_2} 是氢的高位热值；A 是光伏场总面积；G_T 是太阳能在光伏模块表面辐射强度。

如果可再生能源是风能，氢生产效率定义为

$$\eta_{Prod} = \frac{HHV_{H_2} \int_0^T \dot{n}_{H_2} dt}{\frac{\rho}{2} A \int_0^T v^3 dt} \qquad (9.9)$$

式中，ρ 是空气密度；v 是风轮扫掠表面 A 的风速。

9.3.2.2 直接转换效率

直接转换效率 η_{DR} 定义为

$$\eta_{DR} = \eta_{Boost,PV} \eta_{Inv} \qquad (9.10)$$

式中，$\eta_{Boost,PV}$ 是升压变换器效率；η_{Inv} 是逆变器效率。它代表可再生能源直接提供载荷做工的转换效率。

9.3.2.3 氢循环效率

氢循环效率 η_{HL} 定义为

$$\eta_{HL} = \eta_{Buck,El} \eta_{El} \eta_{FC} \eta_{Boost,FC} \eta_{Inv} \qquad (9.11)$$

式中，$\eta_{Buck,El}$ 是变换器提供给电解槽能量的效率；η_{El} 是电解槽工作效率；η_{FC} 是燃料电池的效率；$\eta_{Boost,FC}$ 是燃料电池输出效率；η_{Inv} 是电解槽效率。它是可再生能源沿着电解槽→燃料电池→载荷路径的转换效率。

9.3.2.4　整体系统效率

光伏太阳能作为可再生能源，其整体系统效率 η_{Sys} 定义为

$$\eta_{Sys} = \frac{\eta_{DR}\displaystyle\int_0^T (P_{PV} - P_{Buck,El} - P_{St})\,dt + \eta_{HL}\displaystyle\int_0^T P_{Buck,El}\,dt}{A\displaystyle\int_0^T G_T\,dt} \tag{9.12}$$

风能作为可再生能源，其整体系统效率 η_{Sys} 定义为

$$\eta_{Sys} = \frac{\eta_{DR}\displaystyle\int_0^T (P_{Aero} - P_{Buck,El} - P_{St})\,dt + \eta_{HL}\displaystyle\int_0^T P_{Buck,El}\,dt}{\dfrac{\rho}{2}A\displaystyle\int_0^T v^3\,dt} \tag{9.13}$$

式中，P_{PV} 是光伏场的功率；P_{FC} 是燃料电池的功率；P_{St} 是存储系统的存储功率；η_{DR}、η_{HL}、P_{Aero}、$P_{Buck,El}$ 上文已经定义。

这些结果代表了从可再生能源到最终被用于载荷的整体转换效率。它们是评估体系工况和设计修正的最重要指标。它们的值越高，意味着整个系统效果越好。

9.4　光伏转换和压缩存储的仿真

整体系统的运转工况可以通过整合之前章节所涉及的所有不同的收集系统的数学模型而得到。系统结构和图 9.1 描述的相同。因此，系统的可再生能源即为太阳能光伏能源。它的模型在第 4 章已经给出，相关的电解槽和燃料电池的工况在第 3 章也已阐明。氢气压缩存储在第 7 章已经介绍，同时第 8 章指出化学蓄电池可以降低收集系统开启/关闭循环带来的冲击，为汇流系统提供一个稳定的工作电压。

选定的用于系统仿真的负载是产于美国加利福尼亚州南部的典型负载产品。年均能量消耗为 6466.7kWh。该地点的日均水平线以上光照为 $18.05MJ/m^2$，年均变化幅度（采样周期为 1h）同样记录在仿真数据[29]中。

为了获得负载的电流，有必要引入逆变器效率 η_{inv}。电流定义为

$$I_{bus\to load} = \frac{P_{bus}}{\eta_{inv} U_{bus}} \tag{9.14}$$

式中，P_{bus} 和 U_{bus} 是汇流系统的功率和电压。

系统工作参数见表 9.3。

表9.3　系统工作参数

系　统	类　型	参　数	数　值	参　数	数　值
光伏	多晶	峰值功率/kW	167	$I_{0,ref}$/A	1
		组件数	32	$I_{1,ref}$/A	8.1
		转换效率（%）	12.7	I_{sc}/A	8.02
		U_{oc}/V	29.04	U_{mp}/V	22.97
		N_s	48	I_{mp}/A	7.27
		μ_{lsc}/(A/℃)	34×10^{-5}	$R_{sh,ref}$/Ω	700
		$R_{sh,ref}$/Ω	0.2	太阳方位角	南面
		坡度/(°)	30		
电解槽	固态聚合物电解槽	$\eta_{F,el}$（%）	90	$U_{el,0}$/V	22.25
		$C_{1,el}$/(℃$^{-1}$)	−0.1765	$I_{el,0}$/A	0.1341
		$C_{2,el}$/V	5.5015	R_{el}/Ω	−3.3189
		N_{cells}	24		
燃料电池	质子交换膜	$\eta_{F,fc}$（%）	90	N_{fc}	35
		$C_{1,fc}$/(℃$^{-1}$)	−0.013	$U_{fc,0}$/V	33.18
		$C_{2,fc}$/V	−1.57	$I_{fc,0}$/A	8.798
		R_{fc}/(Ω℃)	−2.04		
电池	阀控式密封铅酸蓄电池	E_{max}/MJ	36	V_{B0}/V	48
		E_{in}/MJ	18	R_i/Ω	0.076
		α	0	SOC_{min}（%）	25
		K_i	0	SOC_{max}（%）	85
压缩储能		多变的	1.475	转化效率（%）	92
		初始储氢量/mol	3000	储氢体积/m³	0.8
电能		$\eta_{BoostConv}$（%）	95	$\eta_{BuckConv}$（%）	95
		$\eta_{Inverter}$（%）	95.5		

　　仿真结果表明太阳能制氢的能量转换、储存及利用系统满足独立于电网的工作条件。图9.4中给出太阳方位角为30°的倾斜平面的太阳能辐射强度。图9.5展示了光伏发电系统将这些太阳辐射能转换为电能的情况，由此可以清楚地看出光伏发电具有季节性。

　　年均氢气生产如图9.6所示：春季生产量超过 $7 \times 10^{-3} mol/s$，而冬季高于 $5 \times 10^{-3} mol/s$。电解槽的电能消耗如图9.7所示。

　　燃料电池的年均氢消耗（见图9.8）和电能产量（见图9.9）非常依赖气象条件和负载条件。例如，在第220天及240天间考察，天气条件使太阳辐射低于通常水平，因此氢能的消耗增加以补偿光电生产的减小。

　　氢能的生产量明确地展示了春季增长与冬季减少这一季节性特征（见

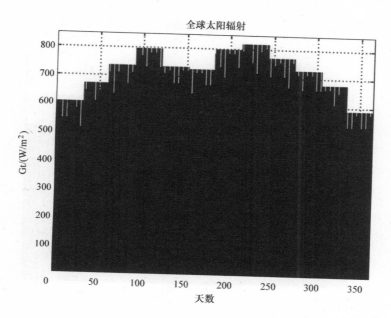

图 9.4　年度广义太阳辐射

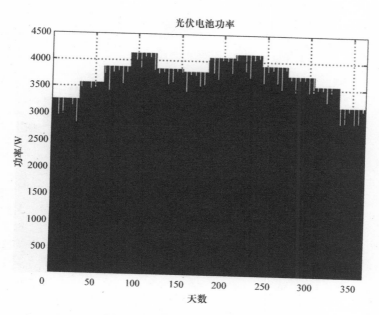

图 9.5　光伏系统的电能转换值

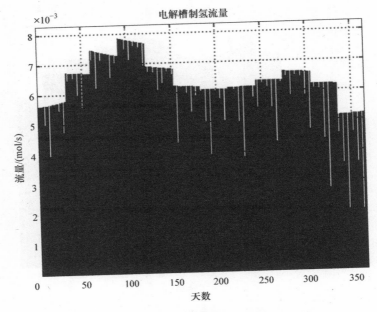

图9.6 年均氢能产量

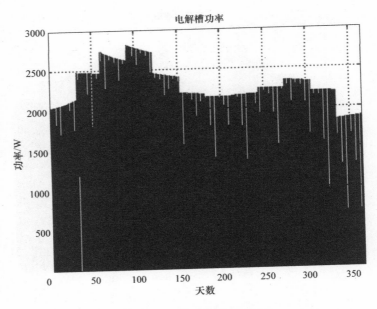

图9.7 年度电解槽耗电量

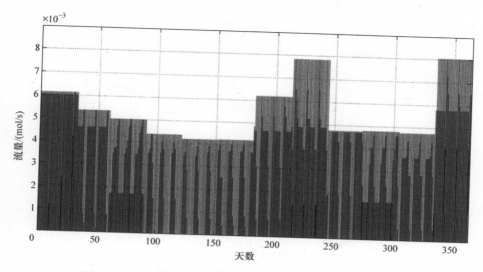

图 9.8　年度燃料电池氢能消耗（参考文献［29］许可报道）

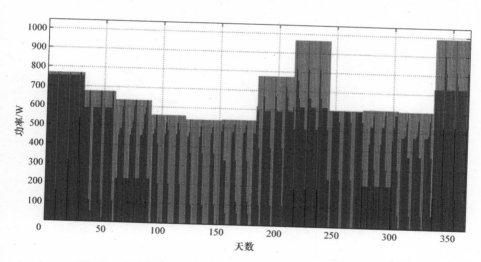

图 9.9　年度燃料电池电能产量（参考文献［29］许可报道）

图 9.10）。

　　在年末，存储罐净剩余 6.22kg 的氢能。这表明系统具有无人值守的工作能力，给工程上提供了一个拓展氢能源应用的可能性，例如氢燃料汽车。氢能剩余量峰值为第 183 天时有 19.69kg 的剩余，而最小值在第 32 天，为 1.21kg。

　　压力变化趋势如图 9.11 所示，最大压力达到 30MPa（300bar）。氧质量和压力趋势与氢类似。

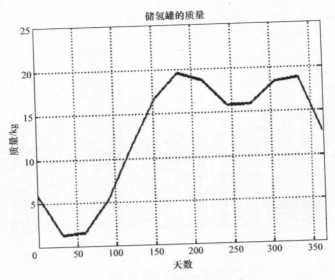

图 9.10 年度储氢罐质量变化

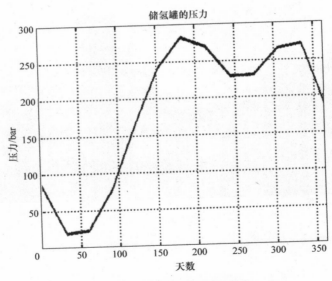

图 9.11 年度储氢罐压力变化

图 9.12 显示对荷载的能源供给。最大能源消耗在夏季，这源于夏季制冷消耗的大量能源。这些荷载的能源完全来源于太阳能制氢的能量转换、储存及利用系统，没有从电网获取任何额外的能源。

效率和其他特征数据见表 9.4。

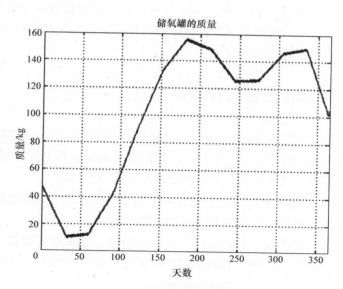

图 9.12 年度储氧罐压力变化

表 9.4 压缩、存储和光伏转换的常年数据

太阳辐射强度	$6.75 \mathrm{GJ/m^2}$
$\mathrm{kWh/kW_p}$	1921
$\mathrm{kg\ H_2/kW_p}$	14.84
η_{FC}	63.1%
η_{EL}	66.8%
η_{Prod}	3.8%
η_{Sys}	8.5%
最小储量(第 32 天)	1.21kg(602mol)
最大储量(第 183 天)	19.69kg(8.27×10^3 mol)
氢气最终剩余量	6.62kg(3.28×10^3 mol)
η_{Prod}	4.0%(仅氢气压缩)
η_{Sys}	9.3%(仅氢气压缩)
最小储量(第 32 天)	1.34kg(6680mol$^\ominus$)(仅氢气压缩)
最大储量(第 335 天)	21.89kg(10.86×10^3 mol)(仅氢气压缩)
氢气最终剩余量	9.76kg(4.84×10^3 mol)(仅氢气压缩)

⊖ 原文有误,应为 668mol。——译者注

系统的整体效率 η_{Sys} 为 8.5%。如前所述，最大能源损耗源于低的光电转换效率。光电转换技术的进步会减少这种损失，并且会极大促进太阳能制氢的能量转换、储存及利用系统的发展前景。

9.5 光伏转换和活性炭存储的仿真

本节采用与 9.4 节类似的仿真系统，仅仅把存储技术由传统的氢气压缩存储技术改为活性炭存储技术[45]。关于活性炭存储的数学分析在第 7 章已经介绍。所有其他收集系统、气象条件和荷载情况均与 9.4 节相同。

在此情况下，氢气在含有活性炭的管道与活性炭表面发生单层的物理吸附。这种吸附现象可以被抽象成超临界温度的 1 类等温模型。

除了采用经典的朗缪尔方程描述均匀表面吸附，还采用朗缪尔-弗洛因德利克方程（L-F 方程），该方程可以非常好地适应非均匀固体表面吸附模型。L-F方程给出吸收系数 n^S（mol）的表达式为

$$n^S = n^0 \left(\frac{bp^q}{1 + bp^q} \right) \tag{9.15}$$

式中，n^0 是饱和吸附量；p 是气-固界面压；b 是吸附过程能量变化的经验系数；q 是一个介于 0 到 1 之间的表征反应表面不均匀性的指数（超临界条件下随温度升高而增大）。

在参考文献 [38-42] 中给出由绝对吸收等温线的非典型回归分析获得的AX-21 粉末活性炭参数 n^0、b 和 q 的值。这种特殊表面的活性炭结构具有 $2745m^2/g$ 比表面和 $0.3kg/L$ 的密度。等温线可以由测量 7MPa 下 77~298K（20K 取样间隔）温度范围的吸附脱附得到。测量过程需要用一个标准容积和特殊的低温容器去对 20g 样品进行吸附。参考文献引用数据以及由 L-F 经验模型估算的关联参数均大于 0.999。

绝对吸附不是活性炭中存储氢气总量的唯一来源。根据吉布斯吸收理论，如果 V_a 是氢气吸收阶段的体积，那么将有体积为 V_g 的氢气保留为气相而没有被吸附。因此总的可以被利用的氢气存储体积 V_{tv} 实际为

$$V_{tv} = V_a + V_g \tag{9.16}$$

总体存储的氢气容量由物理吸附和压缩两部分组成：

$$C_{tot} = n^S + \rho_g v_g \tag{9.17}$$

式中，ρ_g 为氢气密度。

为了计算 C_{tot}，压缩方式存储的氢气的量要换算成常压条件，这时吸附将不会发生，因此要加上由非线性回归分析获得的 n^S 的值。从 6MPa 的实验数据可

以看出，77K 时 C_{tot} 为 32.5g/L，n^s 为 17.7g/L；它们的差异表明压缩存储的氢气的量只占一个单位体积，等于 14.8g/L（7.34mol/L）。在范德瓦尔斯定律下，氢气在 6MPa、77K 和 7.34mol/L 条件下 $V_g = 0.763385$L，这将用于计算每个 p-T 状态点的压缩存储氢气的摩尔数。

　　图 9.13 是相关参考文献报道以及模拟获得的总体容量的比较结果。拟合的相关系数为 0.995。参考文献计算结果表明压力为 6MPa 时，重量存储量为 10.8%，而体积存储量为 32.5g/L。

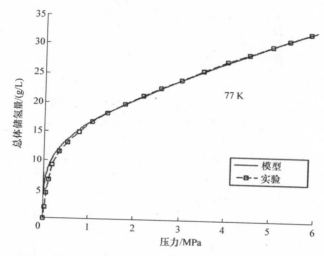

图 9.13　总容量及其与实验值的比较（参考文献［45］许可报道）

　　图 9.14 显示 5 种不同温度下的等温吸附曲线。

　　由于吸附和脱附动力学效应会产生没有任何特征的滞后，加之吸附热相对较小，因此快速的氢吸附脱附可能会在等温曲线中出现。一个可能的工作循环可以设计为四个变化：等压预吸附，在活性炭从 153K 降温到 77K 时在 0.1MPa 等压条件下氢开始吸附；等温吸附，在 77K 时进行吸附，当压力从 0.1MPa 上升到 6MPa 后，吸附完成；等压预脱附，在 6MPa 时进行脱附，温度从 77K 上升到 153K；等温脱附，在 153K 下脱附，直至压强由 6MPa 降至 0.1MPa 脱附完成（见图 9.15）。

　　基于工作循环的原理，储罐必须被反复地加热和降温。存储部件可以被设计成几个具有独立功能的容器或储罐。每个储罐充满 AX-21 粉末，储罐设计成带有椭圆瓶盖的类似杜瓦瓶的圆柱形。外面保护罐具有真空腔，内筒包裹多层辐射防护层以最大限度减少传热损耗。内筒内部加入对流管道以控制活性炭的温度。容器的最终定型设计已超出仿真的范围，但是它的物理特征必须明确以便对系统

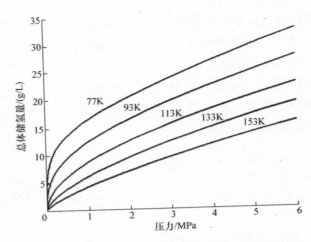

图 9.14　在 77～153K 范围内的等温吸附曲线

（参考文献 [45] 许可报道）

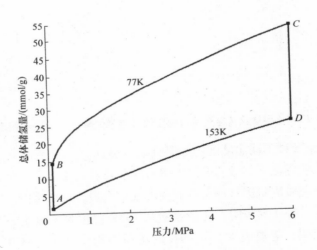

图 9.15　活性炭存储下的吸附/脱附工作循环

（参考文献 [45] 许可报道）

运行时的传热过程和相关的热能循环所耗费的能量进行计算。

　　吸附是一种自发放热反应。等比容吸附的焓值变化可以由克劳修斯-克拉帕龙（Clausis-Clapeyron）方程和对应的氢气吸附实验数据得到。结果可以给出吸附释放的热量或脱附吸收的热量

$$-\Delta H_{ads} = RT^2 \left[\frac{\ln p}{b}(0.009684 \times \ln p - 0.10595) \right] \tag{9.18}$$

对实验数据的回归分析得到

$$b = 7.848 - 0.10595T \tag{9.19}$$

为了建立储罐工作循环的热力学过程，考虑四个不同的过程：预吸附（A-B 过程）、吸附（B-C）、预脱附（C-D）和脱附（D-A）。吸附和脱附两个过程不会同时发生：一个储罐如果到达 A 点则只会发生吸附，同理到达 C 点则只会发生脱附。在等压过程 A-B 中，热力平衡方程表示为

$$\dot{Q}_{ads} + \dot{m}_{H_2} c_{p,H_2} (T_f - T_i) + (m_{H_2,ini} c_{p,H_2} + m_{AC} c_{p,AC}) \frac{dT}{dt} + \dot{Q}_{loss} = \dot{Q} \tag{9.20}$$

式中，$\dot{Q}_{ads}$ 是等压热量的时间导数；$\dot{m}$ 是氢的质量流量（下标为 H_2）；T_i 是氢的初始温度，介于 289 ~ 300K 之间，运行时由 EL 收集系统计算得到；T_f 是氢气的最终温度；$m_{H_2,ini}$ 是吸附开始时在储罐中对应的 p-T 条件下的氢气的摩尔数；c_p 是氢气（下标 H_2）或者活性炭（下标 AC）对应的热容；$\dot{Q}_{loss}$ 是损耗在环境中的热能；$\dot{Q}$ 是维持吸附脱附系统所需要的热能。

为了简化仿真而不降低精度，热控制装置表示为它的标准工况 COP，因此取为 1。仿真中存储器的对应数字为 5。

等压预吸附进程的温度变化平缓，需要约一天时间完成。由于 B-C 过程为等温变化，因此活性炭项为零，除此之外 B-C 过程的方程与 A-B 相同。等压预脱附过程 C-D 的时间由燃料电池的需求决定。在预脱附与脱附过程 C-D-A 中，除了脱附初始的氢的摩尔数、C-D 的温度时间导数以及最终的氢气温度不同之外，两个过程的方程相同。为了达到如此低的温度，选取的流体为氮气。物理吸附发生在 77K 同时温度可以低至 22K 液化存储。既然氢在吸附温度时处于气态而不会发生气化蒸发，吸附存储相对于液化氢气之后再进行存储容易得多。

在 B-C 和 D-A 过程中，氢气压强在 0.1 ~ 6MPa 范围内变化而成为一个多变指数压缩过程，所消耗的功率为

$$P_{comp} = \frac{\dot{n}_{gas} L_{comp}}{\eta_{comp}} = \frac{\dot{n}_{gas}}{\eta_{comp}} \frac{mRT_{in,c}}{m-1} \left[1 - \left(\frac{P_{out}}{P_{in}} \right)^{\frac{m-1}{m}} \right] \tag{9.21}$$

式中，$\dot{n}_{gas}$ 是气体流量；η_{comp} 是压缩效率；m 是多变指数系数；R 是气体普适常数；$T_{in,c}$ 是气体入口温度；P_{in} 和 P_{out} 是进口和出口压力。压缩机动力由汇流系统提供。存储和汇流系统压缩数据见表 9.5。

图 9.16 显示年度负载的总和；而图 9.17 显示了从燃料电池中获得的电能，它直接在太阳能辐射足够强的时候供给负载。

表9.5　活性炭存储系统数据（参考文献［45］许可报道）

活性炭类型	AX-21
比表面积	$2745m^2/g$
密度	0.3kg/L
储存罐的数目	5
储存罐的种类	杜瓦瓶，多层辐射防护罩
单个储存罐储量	3870mol
总初始电荷	7970mol
外半径	250mm
长度	1.223mm
内胆壁厚	4mm
外容器壁厚	2mm
真空腔宽	36mm
真空热导率	0.004W/mK
辐射屏蔽罩（多层）	20
操作温度	77~153K
冷却液	液氮

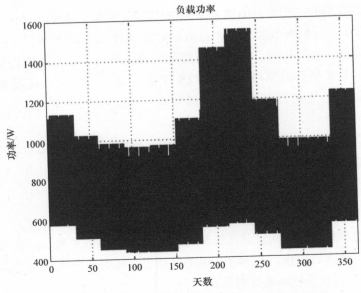

图9.16　年度总动力消耗（参考文献［45］许可报道）

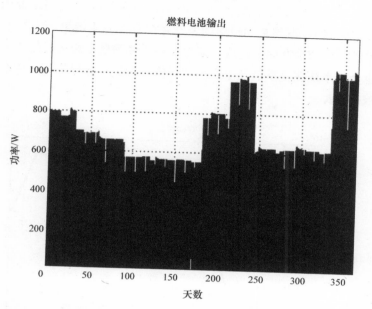

图 9.17　年度燃料电池生产动力（参考文献［45］许可报道）

图 9.18 显示一年循环周期下燃料电池消耗的氢能的量。

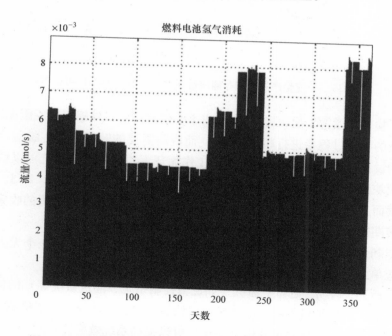

图 9.18　年度燃料电池消耗氢能（参考文献［45］许可报道）

第 335 天氢能生产达到峰值 $15.8 \times 10^3 \text{mol}$，而第 46 天达到最低值为 $5.4 \times 10^3 \text{mol}$（见图 9.19）。既然初始吸附的氢气并没有在一年的第一个月中完全消耗掉，存储系统可以减少存储空间或者减少存储罐以降低系统运行的动力。即使小容积储罐也会使系统在夏季氢气生产达到峰值时排放一部分氢气。在本文系统中没有氢气被排放掉。

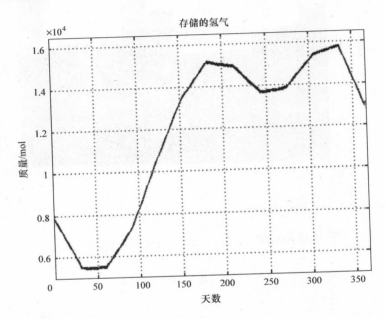

图 9.19　年度生产的氢能存储质量（参考文献［45］许可报道）

为了检验储罐的工况，图 9.20 给出 5 个储罐中 3 号储罐吸附脱附循环状况。一个完整的吸附过程要进行超过 20 天，而脱附需要的时间更长。脱附结束和再次开始的设计时间间隔为 33.6h。在此工作循环下，温度控制系统可以精确调控活性炭模块的温度变化。吸附脱附过程的总热能变化值为 $2.246 \times 10^9 \text{J}$。储罐的供应连续而且有剩余，这证明了系统的无人值守运行的能力。所有的收集系统适应于运转期间的固定载荷规模要求。

年末剩余的氢能达到 $4.8 \times 10^3 \text{mol}$，这意味着系统可以作为一个无人值守的能量供应单元。相关的参数见表 9.6。

如上所述，在 η_{Sys} 估算中辅机（如逻辑控制系统、输送系统等）的耗电量并未考虑在内，这些辅机并没有电池或者初始能量储备。此外，电解槽和电池的热能消耗并非可逆，虽然热电联供（CHP）可以提高系统效率。

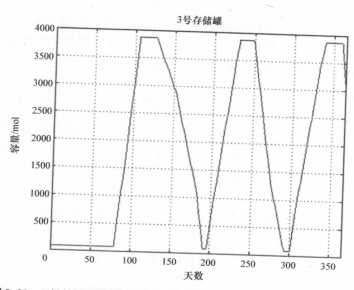

图9.20　3号储罐吸附脱附循环摩尔容量（参考文献［45］许可报道）

表9.6　年度系统工作参数（参考文献［45］许可报道）

总体辐射量 H_T	$6.75GJ/m^2$
kWh_{el}/kWp	1921
kg_{H_2}/kWp	15.8
最短的放气-充气时间（储存罐4）	33.6h
η_{EL}	66.9%
η_{FC}	63.0%
η_{DR}	90.7%
η_{HL}	36.3%
η_{Sys}	9.5%
最小储存氢气的量（第46天）	$5.4 \times 10^3 mol$
最大储存氢气的量（第335天）	$15.8 \times 10^3 mol$
一年后氢气的剩余量	$4.8 \times 10^3 mol$
储存系统总体的交换热能	$2.246 \times 10^9 J$

9.6　风能转换、压缩和活性炭存储的仿真

本节讨论风能作为唯一可再生能源条件下（9.4节所讨论的）氢能系统的仿

真。采用传统的压缩存储和活性炭存储。风能相关模拟参数在第 5 章已经给出。

在此条件下，所有系统同样通过降压、升压和 DC- AC 变换器连接在汇流系统上。接上一个阀控蓄电池以避免汇流系统的波动并且提供燃料电池启动电能。9.2 节展示的逻辑控制系统再次被引入以系统化控制各个系统的运行。载荷数据在 9.4 节中已经展示。

三叶片风力发电机是利用 3 个叶片将动能转化成机械能。当风能足够时，动力将直接由风力发电机提供。否则，电池放电提供直至剩余电量达到警戒值。在此条件下，氢能将流入燃料电池产生电力提供能量。当风能提供的能量有剩余时，电解槽启动存储氢气。氢能存储既可以被压缩，也可以用活性炭粉末吸附（例如 AX-21）。

从实验数据可以看到，固定荷载下的风速廓线可以由威布尔概率分布函数给出：

$$h(v) = \left(\frac{k}{c}\right)\left(\frac{v}{c}\right)^{k-1}\exp\left(\frac{-v}{c}\right)^{k} \tag{9.22}$$

式中，模型参数 k 取值为 1.5 ~ 2.5；测量参数 c 取值为 5 ~ 10m/s。模型参数决定分布方程的形式，测量参数随风速增加而增加。

尽管风速甚至在几分钟内发生剧烈的变化，由威布尔概率分布函数生成一组随机点，并用样条插值得到如图 9.21 所示的曲线，以获得随时间变化的风速廓线。更贴切的仿真将通过既定的实际测量风速得到。

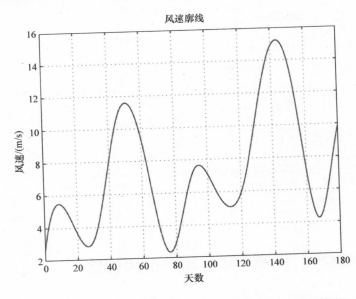

图 9.21　6 个月内的风速变化曲线（参考文献 [46] 许可报道）

以速度 v 通过界面 A 的风能的功率为

$$P_{wind} = \frac{\rho}{2} A v^3 = \frac{\rho}{2} \frac{D^2 \pi}{4} v^3 \tag{9.23}$$

式中，D 是转子直径；ρ 是空气密度（由温度、湿度和气压决定），6000m 以下可以由下述经验公式得到：

$$\rho = \rho_0 \exp\left(\frac{-0.297}{3048} H_m\right) \tag{9.24}$$

式中，ρ_0 是海拔为 H_m 的空气密度。

如第 5 章所述，为了计算风力发电机损耗，P_{wind} 必须乘以功率系数 c_p、机械能损耗 η_{mech}、发电机效率 η_{asyn} 以及 AC-DC 变换器转换效率 $\eta_{ac\text{-}dc}$。风力发电机 DC 端口电功率 P_{aero} 即可写为

$$P_{aero} = (c_p \eta_{mech} \eta_{asyn} \eta_{ac\text{-}dc}) P_{wind} \tag{9.25}$$

为了避免低速的无效旋转，转子在小于最低切入风速时不会运转。在切入速度和持续切出速度之间，自动控制系统将通过调整转速以维持参数 c_p 稳定和系统的最大转换效率。为了防止风力发电机损坏，嵌入式逻辑控制系统将转子的转速限制在预设的最大转速之内，以便当风速过大时停止工作。

仿真周期超过 180 天。表 9.7 给出风力发电机的工作参数。

表 9.7 风力发电机和活性炭存储的工作参数（参考文献［46］许可报道）

风力发电机（3 叶片）			
直径	5.5m	场地标高	50m
ρ_0	1204kg/m³	切入风速	5m/s
切出速度	22.5m/s	恒速切出	15m/s
C_p	0.45	机械损失	0.6
发电损失	0.92	交流变直流损失	0.9
活性炭存储			
起始氢气量	1329mol	活性炭类型	AX-21
比表面积	2745m²/g	密度	0.3kg/L
储存罐数目	5	每个储存罐容量	1231mol
储存罐体积	0.0764m³	内壁厚度	4mm
外壁厚度	2mm	真空容积的厚度	36mm
真空导热率	0.004W/mK	辐射屏蔽罩	20
操作温度	77～153K	冷却液体	液氮
冷却管体积	没有考虑		

图 9.22 给出风力发电机电力输出。必须注意到切入风速（5m/s）和连续切

出风速（15m/s）导致可用功减少。

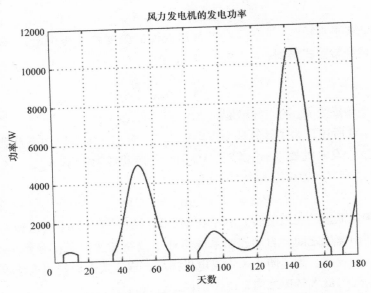

图9.22　风力发电机功率输出（参考文献［46］许可报道）

　　压缩存储下和活性炭吸附存储下风力发电机的耗能如图9.23和图9.24所示。

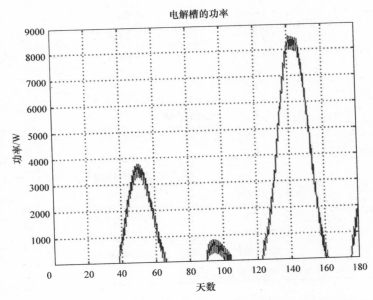

图9.23　电解槽和压缩存储系统能量输入（参考文献［46］许可报道）

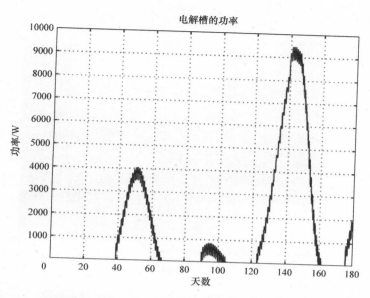

图 9.24　电解槽和活性炭存储系统能量输入（参考文献 [46] 许可报道）

　　图 9.25 给出氢在燃料电池中氧化的输出功。与图 9.22 比较可得，当风能足够时，电解槽可以生产氢气；当风能不够充足时，氢能输入燃料电池。

　　提供给载荷的能量如图 9.26 所示。

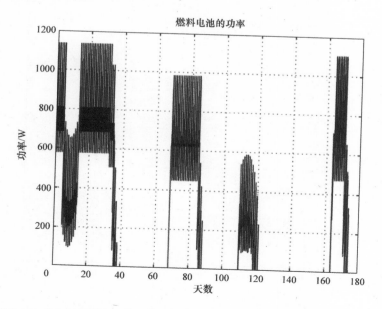

图 9.25　燃料电池和压缩存储系统能量输入（参考文献 [46] 许可报道）

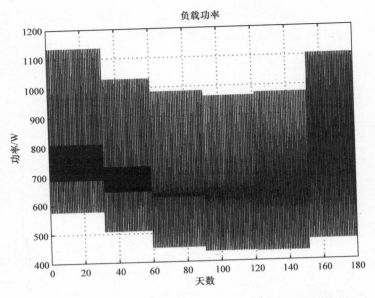

图 9.26　系统载荷能量输入（参考文献［46］许可报道）

从储氢（图 9.27 为压缩存储，图 9.28 为活性炭存储）随风能变化关系与图 9.21 相比可以看出，风能小或者载荷超过能量供给，氢能储量减小，仅仅当风能超过载荷的消耗时氢能增加。最终的氢能剩余量超过了初始量，这显示了系统

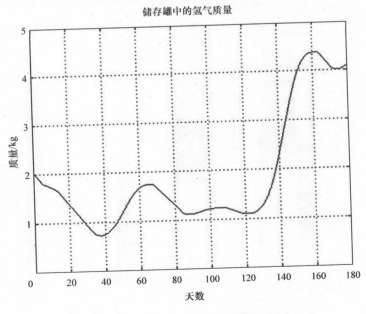

图 9.27　6 个月下压缩存储系统氢能储量

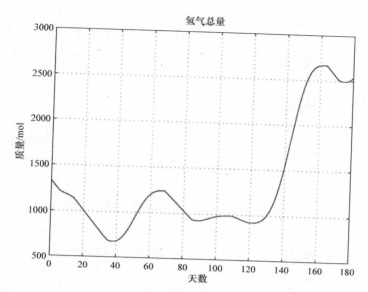

图 9.28　6 个月下活性炭存储系统氢能储量（参考文献 [46] 许可报道）的无人值守工作能力。

　　为了比较物理吸附与经典存储技术，表 9.8 给出两种系统的计算值。

表 9.8　风力发电系统的工作参数比较（参考文献 [46] 许可报道）

压缩存储性能	
η_{Wind}	21.7%
η_{FC}	62.3%
η_{EL}	67.8%
η_{Sys}	12.7%
最小容量（第 38 天）	0.734g（0.364mol）
最大容量（第 163 天）	4366g（2165mol）
使用结束剩余氢气量	2087g（1035.2mol）
物理吸附存储性能	
η_{Wind}	21.7%
η_{FC}	62.3%
η_{EL}	69.2%
η_{Sys}	13.5%
最小容量（第 38 天）	1366.6g（677.9mol）
最大容量（第 163 天）	5380.7g（2669mol）
使用结束剩余氢气量	2388.9g（1185mol）

每个活性炭储罐体积为 $0.0764m^3$，总体积为 $0.382m^3$（内部冷却管道体积不考虑在内）。这些储罐紧凑排布，在 6MPa 和 77K 条件下，可以存储 6155mol（12.4kg）的氢气。当地温度下相同质量氢气的压缩存储的峰压达到 40MPa。

9.7 有关火用分析的说明

以上分析基于热力学第一定律。对 9.5 节光伏太阳能制氢的能量转换、储存及利用系统完整的能量分析需要借助于与参考文献 [14] 类似的火用分析。

系统火用效率的定义基于热辐射产出与热辐射输入的不同（尤其是太阳能辐射输入）。系统火用效率约为 4.0%，这其中最大的火用损耗来源于光伏收集系统，火用效率约为 14%，而其他的设备约为 29%。

为了提高火用效率，可能会回收所有的热流体、冷流体所含的有效能。在此条件下，火用效率可以从 4.0% 提升至 11%。更高效的光伏技术或者其他更高热力学效率的可再生能源可以更优地解决这个问题。

9.8 太阳能制氢的能量转换、储存及利用系统仿真的评论

太阳能制氢的能量转换、储存及利用系统可以作为一种可行的无人值守能量源。系统整体效率取决于可再生能源种类的选择。先进的可再生能源转换技术、算法的优化以及提高火用的效率，对 η_{Sys} 具有显著地提升。

存储是该系统的决定性部分，利用非传统的存储技术如碳纳米结构或氢化物技术取代压缩存储或者液化存储是可行而且更为安全的。

最后，氢能也可以直接燃烧利用，无需燃料电池参与，这一点已经在 2.4 节中讨论过。氢气作为能源载体可以直接用于固定能源或者移动能源，这也是一种有意义的使用途径。

参 考 文 献

1. Ahmad G E, El Shenawy E T (2006) Optimized photovoltaic system for hydrogen production. Renewable Energy 31:1043–1054
2. Aiche-Hamane L, Belhamel M, Benyoucef B, Hamane M (2009) Feasibility study of hydrogen production from wind power in the region of Ghardaia. Int. J. Hydrogen Energy 34:4947–4952
3. Amendola S C, Sharp-Goldman S L, Saleem Janjua M et al (2000) A safe, portable, hydrogen gas generator using aqueous borohydride solution and Ru catalyst. Int. J. Hydrogen Energy 10 (25):969–975

4. Bilgen E (2001) Solar hydrogen from photovoltaic-electrolyzer systems. Energy Convers Manage 42:1047–1057
5. Bilgen E (2004) Domestic hydrogen production using renewable energy. Solar Energy 77:47–55
6. Bilodeau A, Agbossou K (2006) Control analysis of renewable energy system with hydrogen storage for residential applications. Journal of Power Sources 162:757–764
7. Bilgen C, Bilgen E (1984) An assessment on hydrogen production using central receiver solar systems. Int. J. Hydrogen Energy 9 (3):197–204
8. Deshmukh S S, Boehm R F (2008) Review of modeling details related to renewably powered hydrogen systems. Renewable and Sustainable Energy Review 12:2301–2330
9. El-Hefnawi S H (1998) Photovoltaic diesel-generator hybrid power system sizing. Renewable Energy 1 (11):33–40
10. El-Shatter Th F, Eskandar M N, El-Hagry M T (2002) Hybrid PV/fuel cell system design and simulation. Renewable Energy 27:479–485
11. Friberg R (1993) A photovoltaic solar-hydrogen power plant for rural electrification in India, Part 1: a general survey of technologies applicable within the solar-hydrogen concept. Int. J. Hydrogen Energy 18 (10):853–882
12. Goldstein L H, Case G R (1978) PVSS-A photovoltaic system simulation program. Solar Energy 21:37–43
13. Griesshaber W, Sick F (1991) Simulation of Hydrogen-Oxygen Systems with PV for the Self-Sufficient Solar House (in German). FhG–ISE, Freiburg im Breisgau, Germany
14. Hacatoglu K, Dincer I, Rosen M A (2011) Exergy analysis of a hybrid solar hydrogen system with activated carbon storage, Int. J. Hydrogen Energy 36:3273–3282
15. Hammache A, Bilgen E (1987) Photovoltaic hydrogen production for remote communities in Northern latitudes. Solar & Wind Technology 2 (4):139–144
16. Havre K, Gaudernack B, Alm L K, Nygaard T A (1993) Stand-Alone Power Systems based on renewable energy sources. Report no. IFE/KR/F-93/141, Institute for Energy Technology, Kjeller, Norway
17. Hollenberg W, Chen E N, Lakeram K, Modroukas D (1995) Development of a photovoltaic energy conversion system with hydrogen energy storage. Int. J. Hydrogen Energy 3 (20):239–243
18. Hug W, Divisek J, Mergel J, Seeger W et al (1992) Highly efficient advanced alkaline electrolyzer for solar operation. Int. J. Hydrogen Energy 17 (9):699–705.
19. Kélouwani S, Agbossou K, Chahine R (2005) Model for energy conversion in renewable energy system with hydrogen storage. Journal of Power Sources 140:392–399
20. Kennerud K L (1969) A technique for identifying the cause of performance degradation in cadmium sulfide solar cells. 4th IECEC 561–566
21. Khan M J, Iqbal M T (2005) Dynamic modeling and simulation of a small wind-fuel cell hybrid energy system. Renewable Energy 30:421–439
22. Khan M J, Iqbal M T (2009) Analysis of a small wind-hydrogen stand-alone hybrid energy system. Applied Energy 86:2429–2442
23. Kolhe M, Agbossou K, Hamelin J, Bose T K (2003) Analytical model for predicting the performance of photovoltaic array coupled with a wind turbine in a stand-alone renewable energy system based on hydrogen. Renewable Energy 28:727–742
24. Lodhi M A K (1997) Photovoltaics and hydrogen: future energy options. Energy Convers Manage 18 (38):1881-1893
25. Maclay J D, Brouwer J, Scott Samuelsen G (2007) Dynamic modeling of hybrid energy storage systems coupled to photovoltaic generation in residential applications. J. Power Sources 163:916–925
26. Mantz R J, De Battista H (2008) Hydrogen production from idle generation capacity of

wind turbines. Int. J. Hydrogen Energy 33:4291–4300

27. Milani M, Montorsi L, Golovitchev V (2008). Combined Hydrogen Heat Steam and Power Generation System. Proc. 16th ISTVS Int. Conference, Turin, November 25–28

28. Muselli M, Notton G, Louche A (1999) Design of hybrid-photovoltaic power generator, with optimization of Energy Management. Solar Energy 3 (65):143–57

29. Pedrazzi S, Zini G, Tartarini P (2010) Complete modeling and software implementation of a virtual solar hydrogen hybrid system. Energy Conversion and Management 51 (1):122–129

30. Sherif S A, Barbir F, Veziroğlu T N (2005) Wind energy and the hydrogen economy – review of the technology. Solar Energy 78:647–660

31. Siegel R, Howell J R (2002) Thermal Radiation Heat Transfer, Hemisphere, New York

32. Sopian K, Ibrahim M Z, Wan Daud W R, Othman M Y et al (2009) Performance of a PV-wind hybrid system for hydrogen production. Renewable Energy 34:1973–1978

33. Sternfeld H J, Heinrich P (1989) A demonstration plant for the hydrogen/oxygen spinning reserve. International Journal of Hydrogen Energy 14:703–716

34. Sürgevil T, Akpinar E (2005) Modelling of a 5 kW wind energy conversion system with induction generator and comparison with experimental results. Renewable Energy 30:913–929

35. Ulleberg Ø, Morner S O (1997) Trnsys simulation models for solar hydrogen systems. Solar Energy 4-6 (59):271–279

36. Vemulapalli G K (1993) Physical Chemistry. Prentice Hall, New Delhi

37. Zhang J, Fisher T S, Veeraraghavan Ramanchandran P, Gore J P et al (2005) A review of heat transfer issues in hydrogen storage technologies. J Heat Transfer 127:1391–1399

38. Zhou L, Zhang J (2001) A simple isotherm equation for modeling the adsorption equilibria on porous solids over wide temperature ranges. Langmuir 17:5503–5507

39. Zhou L, Zhou Y, Sun Y (2004) Enhanced storage of hydrogen at the temperature of liquid nitrogen. Int. J. Hydrogen Energy 29:319–322

40. Zhou L (2005) Progress and problems in hydrogen storage methods. Renewable and Sustainable Energy Reviews 9:395–408

41. Zhou L, Zhou Y, Sun Y (2006) Studies on the mechanism and capacity of hydrogen uptake by physisorption-based materials. Int. J. of Hydrogen Energy 31:259–264

42. Zhou L, Zhou Y (1998) Linearization of adsorption isotherms for high-pressure applications. Chem. Eng. Sci. 14 (53):2531–2536

43. Zini G, Tartarini P (2009) Hybrid systems for solar hydrogen: a selection of case-studies. Applied Thermal Engineering 29:2585–2595

44. Zini G, Marazzi R, Pedrazzi S, Tartarini P (2009) Solar hydrogen hybrid system with carbon storage, International Conference on Hydrogen Production ICH2P-09, Toronto, 2–6 May

45. Zini G, Tartarini P (2010) A solar hydrogen hybrid system with activated carbon storage. International Journal of Hydrogen Energy 35 (10):4909–4917

46. Zini G, Tartarini P (2010) Wind-hydrogen energy stand-alone system with carbon storage: Modeling and simulation. Renewable Energy 35 (11):2461–2467

47. Züttel A, Nützenadel Ch, Sudan P, Mauron Ph et al (2002). Hydrogen sorption by carbon nanotubes and other carbon nanostructures. Journal of Alloys and Compounds (330-332):676–682

48. Züttel A, Wenger P, Rentsch S, Sudan P et al (2003) LiBH4 a new hydrogen storage material. J. Power Sources 1-2 (118):1–7

第 10 章　太阳能制氢的能量转换、储存及利用系统的实际应用

无论是固定式还是非固定式的太阳能制氢的能量转换、储存及利用系统都将会随着新技术的发展而在现实生活中得到越来越广泛的应用。本章将会探讨一些很有意思的实例，突出展示这些装置的特性以及所带来的效益，并指出其需要解决的不足之处，以令读者对太阳能制氢方案在实际应用方面有一个更为深入的认识。

10.1　简介

目前，完整的太阳能制氢的能量转换、储存及利用系统（见图 9.1）仍未在现实生活中得到广泛的应用。相关文献也有对这些系统的不同组合的应用的报道。下面的章节将会简要地介绍一些有趣的设计，文章最后部分列出了相关文献以供读者查阅。

10.2　FIRST 项目

位于西班牙马德里的能源环境与技术研究中心（CIEMAT）正在进行一个为电信供能的远程燃料电池创新系统（Fuel Cell Innovative Remote System for Fele-coms，FIRST）[2,3] 的项目。该项目已经建立一个独立运行的将太阳能转换为氢能的系统。这种为远程电信站点供能的独立运行装置包括一个铜铟硒（CIS）光伏发电站，每块电池板的光电转化效率接近 10%，输电功率为 200W，整个电站的发电功率为 1.4kWp。电能的储存是利用 24 个铅酸电池板组成的容量为 20kWh 的蓄电池，目的是为了降低发电站输出电压波动。一个聚合物电解质薄膜电解槽能够通过电解水产出氢气，并以 3MPa 的压力存储在 7 个金属氢化物储氢罐中以作中长期的供能。其中每个金属氢化物储氢罐的容量为 10Nm³（标准立方米），并能够在 0~40℃ 下进行充放气。

当需要时，一座聚合物电解质薄膜燃料电池（dead-end，无氢气泄漏）便会将储存的氢气转化为电能，输出功率为 75~280W，足以为远程电信系统提供一个月电能。所配备的控制软件具有如下的功能：驱动装置运作，存储运行数

据，包括转换效率、电池剩余电量、装置的输出电流或负载需要的电流、工作温度以及储氢罐的存储压力。

经测量，太阳辐射能在82kWh左右，太阳能发电站能够转换出5kWh的电能。所产出电能的1.5kWh用于电解槽电解水生成0.33Nm³的氢气（按照低热值氢气换算具有1kWh能量）。所有的负载需要消耗的电能为3.4kWh，而能源管理系统消耗其中的0.5kWh。太阳能发电站输出的电能能够使蓄电池维持87%的剩余电量，同时每天氢气通过燃料电池产生2.5A的电流，足够每天为负载使用。在夏季，太阳能发电站转化出的电能足够供应给负载（每日用电量2.7kWh），而无须开启燃料电池。而在春夏季末，日产量0.33Nm³的氢气已经大大超出负载的用电量，能够在没有太阳能发电站的辅助下保证远程电信系统正常运作一个月。因此，即使没有给出长期供能的解决方案，这个发电装置也足以独立地为负载供能。

在太阳辐射足够的情况下，电解槽也能在大多数的白天时间里电解水产氢。储存氢气的压力从最小值线性增加到最大值约需要5h。这个时长包含了所选择作为储存介质的氢化物对氢气的缓慢吸附动力学过程。增加氢化物储存单元是一种可以缩短储存时间的措施。

当蓄电池的剩余电量为35%时，燃料电池的功能即被激活，此后，燃料电池为所有负载提供280W的功率直至蓄电池充电至剩余电量超过70%。当太阳能发电站的输出功率不足以为负载供能时，燃料电池即被关闭，蓄电池将重新开始供能。

装置的转换效率计算公式如下：

$$\eta_T = \frac{E_C}{E_S} = \frac{\eta_{PV} E_{PV} + \eta_H E_H}{E_{PV} + E_H + E_0} \tag{10.1}$$

式中，E_C是提供给负载的能量；E_S是入射太阳辐射的总能量；η_{PV}是路径1（太阳能发电站→蓄电池→负载）的转换效率；η_H是路径2（太阳能发电站→蓄电池→电解槽→储氢罐→燃料电池→蓄电池→负载）的转换效率；E_{PV}是路径1中输入的能量；E_H是路径2中输入的能量；E_0是未被转换的输入能量。

装置的系统管理软件必须通过提高输入路径1和2的能量来使E_0最小化。在测试条件下，η_T的值可以达到6%~7%，而η_H的计算结果为2.3%。加入一个氢气储存系统可以保证系统的整体性能提高。实际上，正午以后，从太阳光中得到的可用的能量将会减少，而电化学电池也有可能因达到最大剩余电量而无法充电，因此除非电化学储存组件拥有可接收所有输入能量的规格，否则装置的整体能量输出将会降低（约4%）。

10.3 Schatz 太阳能制氢项目

Schatz 太阳能制氢项目始于 1989 年位于美国加州洪堡州立大学的 Telonicher 海洋实验室，此项目的目的在于验证太阳能制氢装置在实际运作环境（水族箱曝气）中工作的可行性[7]。此装置配备传统的压缩储存器，从峰瓦值为 9.2kW$_P$ 的太阳能发电站上获得电能。电解槽为一种中压、碱性电解池，由 12 个此种类型的电解池组成，能够在标准条件，即 24V、240A 直流电的工作条件下，1min 产出 20L 的氢气。氢气以 790kPa 的压力对外输送，并储存在总容量为 5.7m^3 的 3 个储存器中。按照氢气是高热值来计算，燃料电池可以转换出高达 133kWh 的电能并能以 50% 的效率为 600W 的负载供能 110h。

如果条件允许，太阳能发电站产生的电能能够直接为负载供能，而过剩的电能将用于制氢。在太阳辐射不能提供足够的能量时，氢气就会通入燃料电池用于发电以补偿用电量的不足。整个装置由一个自修正的控制逻辑回路自动地控制。

装置的效率由以下几个方面计算：

1）法拉第效率：实际产氢量与理论产氢量的比值；

2）电解效率：氢能产率与电解槽输入功率的比值；

3）光伏效率：太阳能发电站发电功率与太阳辐射功率的比值；

4）产氢效率：光伏效率与电解效率的乘积。

装置的法拉第效率经测量高达 94%，而电解效率约为 76%，那么装置的整体效率达 6%。在一个可以代表太阳辐射变化的长时间（11 个月）的变化周期内，检测装置的效率，并计算出每天的平均效率，日均效率由可接受的日平均效率值表示。在超过 70% 的日均效率天数内，装置的电解效率都高达 75%，其中电流密度从 15~400mA/cm^2 不等，而电解温度则从 10~70℃ 不等。同样在超过 70% 的日均效率天数内，太阳能发电站的发电效率超过 7.8%，装置的产氢效率也超过 6%。

即使遇上不利的气象条件以及太阳辐射非常不稳定的日子，控制系统都能够保证装置均匀而稳定地为负载供能。除去一些与太阳能发电站组件相关的小问题，这个装置的持续供能能力和质量被证明是相当优秀的。

由于这个发电装置是在实际工作条件下安装和运行的，因此为保证装置安全地运行，所有必要的预防措施都用上了。为避免出现任何故障情况，设计此装置时就进行了彻底的风险分析。利用现场测试和先进的调试技术并通过故障树分析方法对装置的故障和安全运行的条件进行了研究。相关工作人员经过对化学气体、液体的管理和使用训练，能够顺利地按照应急程序应对装置故障状况。装置内同样安装了一个故障防护系统，此系统能够在漏电或者其他的故障条件下自动关闭系统。最后，为了保证定期对装置的完整性进行检查以及令其能够全面运行，需要落实制定相应的维修计划。

10.4 ENEA 项目

意大利的国家新技术、能源和可持续经济发展局（ENEA）业已通过了一个从技术层面上理解利用太阳能光伏发电储氢的研究项目[4]。这个项目的主要目的是评估此装置的长期可靠性以及与安全运行和维修相关的事项。

此装置包含了一块发电功率峰值为 5.6kWp、由 180 个单晶硅电池模块构成的太阳能发电板，一台 5kW 的双极碱性电解槽（水冷，80℃，高压，氢气以 2MPa 输出），一个兼具金属氢化物和压缩器的储气罐子系统（储存容量为 18Nm³）以及一个工作温度为 72℃、输出功率为 3kW 的质子交换膜（PEM）燃料电池。

控制系统基于可编程序控制器（PLC），并且能够监控调节电解液的温度、输出电流的大小、水的电导率、压力、漏气量以及杂质。此系统能够管理整个发电装置的开/关循环，并能根据警报的类型决定是否关闭装置。

为了提高发电装置的整体效率，储氢罐子系统出气温度为 20℃，气压为 0.2 ~ 0.4MPa，以避免向燃料电池供热。氢气和空气以恒定的气压供给燃料电池，并根据负载情况的变化被消耗。生成的水要么作为整个系统的冷却媒质，要么对反应气体进行加湿或者直接排入空气。运行期间产生的热能通过水-空气交换器得到部分回收。

所有的辅助和控制子系统的消耗功率为整个装置输出功率的 1/10，也就是说，在 22V、125A 下需要的功率为 2.75kW。在最佳的运行条件下，按照氢气的低热值计算，燃料电池的效率为 53.6%。

合理的设计整个发电站，特别是与易燃气体相关的管理措施：安装地点的墙与门都是使用防火材质的，电气布线和组件都是按照高爆炸风险环境的要求特别安装的，并配有可以即时显示危险情况信号的传感器。

运行结果表明了此发电系统是易于操作的并具有良好的性能。

10.5 Zollbruck 小镇的村镇发电系统

一个覆盖全镇的发电系统已经在瑞士的 Zollbruck 小镇上建立，并且由当地的居民从 1991 年开始手动运作至今[6]。

　　该发电系统所利用的可再生能源是太阳辐射能，利用峰瓦值为 5kW 且转换效率为 8.4% 的太阳电池板。这种太阳电池板铺满了 65m² 的屋顶。另一个子系统放置在两个 10m² 的房间内并且包括：

　　1）一个 DC-DC 变换器（转换效率为 95%）；

　　2）功率为 5kW 的碱性电解槽（平均效率为 62%）；

　　3）一个氢气纯化单元；

　　4）一台压缩机；

　　5）两个金属氢化物储氢罐，其中一个为家电（一台烤箱和一台洗衣机）供能，容积为 15Nm³，另一个为一台小型的氢能驱动的货车供能，容积为 16Nm³。

　　氢气在储存入金属氢化物储氢罐前，先利用一台压缩机压缩然后进入压力罐中。如果储存容量能够达到 200Nm³，那么一个家庭的供电就可以从电网中独立出来，然而实际的储存量低于 20Nm³。在夏季，由于没有温度控制系统，一半以上的氢气生产不能储存；否则可利用温度控制系统控制金属氢化物罐内的吸附动力学，以便所有可用的存储容量均可利用。

　　另一个可以优化的因素是还没有收集和完全利用的热能损耗。

　　没有与氢能系统直接相连的其他所有负载需要与电网相连以获得需要的电能。

　　在一年时间内，太阳电池板获得的 293GJ 电能在整个家庭系统中的能量使用情况如下：

　　1）DC-DC 变换前的 24.5GJ 或者 DC-DC 变换后的 23.4GJ，其中只有 18.6GJ 的电能被用于电解槽而余下的 4.9GJ 对辅助电池进行充电（每年 3GJ）；

　　2）在电解槽的效率为 62% 时，11.5GJ 的能量储存在氢气中，而经过处理以及纯化的氢气仅保存了其中的 10.6GJ 能量。

　　氢气的净年产量为每平方米太阳电池板覆盖面积产出 16Nm³。

　　为提高发电装置的整体效率，需要在发电装置中加入一个自动控制系统来管理装置的运行，同时能够避免因手动操作而带来的风险。为了避免氢气的流失，采取了一种处理措施使得可储存的氢气量增加 8%。更进一步的是，将储存量提高到 200Nm³ 即可使整个家庭完全从电网中独立出来。最后，对废弃热能的回收利用也能提高发电装置的性能。

　　这种氢能系统已经被证实在无须任何技术改进的情况下能够直接在整个村镇范围内进行使用。

10.6　GlasHusEtt 项目

GlasHusEtt 大楼位于瑞典的斯德哥尔摩，其功能是作为一个信息展览中心向市民宣传可持续的生活方式以及可再生能源技术。这栋建筑是由瑞典的产业机构出资建造的。

研究人员通过将太阳能制氢的能量转换、储存及利用系统与传统的热电供能系统建造在一起，可以对它们各自的性能和特点做出直接的比较。这样的系统是第一次安装在瑞典的住宅区，它集成了一座太阳能发电站、一套沼气系统、一个电解槽和一块燃料电池。

在楼顶上安装有总面积为 25m²、峰值功率为 3kW 的多晶硅太阳能发电板。燃料电池使用从重整器或者储气罐输送来的氢气。电解槽跟太阳能发电站以及电网相连，使用直流或者交流的模式运行。而制氢系统安装在屋顶下方，同时电解槽直接与一个容量为 50L 的储气罐相连，整个系统的运行管理由一个控制单元和数据记录仪组成，记录仪记录的数据包括子系统产生的或者消耗的氢气量、电能、热能和从安装在屋顶上的传感器得到的气象数据。

燃料电池的发电和产热效率分别为 13% 和 56%，电解槽的电解水效率为 43% 左右，大约 5% 的输入能量变成废热耗散出去，而热能和电能的损耗为 25.6%。

模拟实验表明这个系统不具备自给自足的能力，储气罐中储存的氢气会在 4h 内消耗殆尽，而重新充满则需要 34h。沼气热机需要按照大楼的耗能情况不断地开/关，但是大量热能在这个过程中耗散到环境中。热能的收集是利用一个作为散热器的小水箱（500L）来完成，而燃料电池中产生的大部分的热也散失到房间中。

整个系统可以通过增大太阳能发电站的功率、优化废热回收系统和氢气储存系统来提高其能源利用效率。

10.7 Trois-Rivière（三河）发电站

这个独立运行的发电站是由魁北克大学 Trois-Rivière 校区开发的，使用风能和太阳能发电来提供通信基站运行时所需要的电能。此发电站运行过程中产生的多余电能则用来制备氢气，而在太阳能和风能不足时，使用储存的氢能来提供负载运行所需要的电能。

这套系统包括：

1) 具有 30m 高的塔台的发电功率为 10kW 的风力发电机；

2) 峰值功率为 1kW 的太阳能发电站；

3) 与直流总线相连的一组电池；

4) 功率为 5kW 的电解槽，每小时产出压力为 0.7MPa 的 1Nm³ 的氢气；

5）能将氢气压缩至 1MPa 的压缩机；

6）体积为 3.8m³ 的储气站，储存的能量可达 125kWh；

7）功率为 5kW 的 PEM 燃料电池；

8）一台 DC-AC/逆变器，能够给电路中的负载提供 60Hz、115V 的电压。

制氢系统在风速达到 3.4m/s 时开始工作，在风速为 13m/s 时达到最大功率 10kW。在平均风速为 6m/s 时，风力发电机达到平均功率 2kW，产氢速率达到 0.4Nm³/h。风力发电机和太阳能发电站的输出电压为 48V，通过电池组来稳定电压输出。总线将风力发电机、太阳能发电站、燃料电池、电解槽、压缩机以及负载连接起来。

系统的效率就是测得的燃料电池输出功率与其理论功率之间的比值，定义如下：

$$P_{\text{theoretical}} = \frac{\text{HHV} \times N_{\text{cells}} \times I}{2e^- \times F} \tag{10.2}$$

式中，$N_{\text{cells}} = 35$（电堆中电池数目）；I 是流经负载的电流值；F 是法拉第常数。

在 23℃和 55℃下电解槽的电解效率分别高达 65% 和 71%，燃料电池在转化效率达到 45% 时，输出功率达到 4kW，总效率能够达到 42%。

10.8　SWB 工业电站

SWB 工业电站由 SWB（Solar Wasserstoff Bayern GmbH）公司主导，Bayernwerk 公司、Siemens 公司、BMW 公司和 Linde 公司合资在德国的 Neunburg vorm Wald 地区建造[10]。这个项目旨在通过优化多种不同设计、集成和运行方式的技术，在一个专业的工业发电站中，利用可再生能源获得高效稳定的电能供给。

这个发电站集成并使用了多种不同的技术：

1）在这个发电站中同时使用单晶硅、多晶硅和无定形硅太阳电池技术，发电峰值功率从 6kW ~ 135kW 不等；

2）使用了 DC-DC 和 DC-AC 变换器，直流和交流总线；

3）两台功率为 111kW 和 100kW 的低压电解槽，产氢率达到 47m³/h；

4）气体压缩机，多步气体处理；

5）热机（使用混合气体和氢气）及制冷单元（使用氢气），功率为 16.6kW；

6）三块燃料电池，第一块电池是发电功率和制热功率分别为 6.5kW 和 42.2kW 的碱性燃料电池，第二块电池是发电功率和制热功率分别为 79.3kW 和 13.3kW 的磷酸燃料电池，第三块电池是用空气和氢气作为原料的功率为 10kW

的 PEM 燃料电池；

　　7）一座氢能汽车的充气站。

　　这间发电厂将安全规范和风险管理摆在首位。安全设计的关键在于预防措施。为了避免氢气与氧气混合发生爆炸，气路的封闭和监控都采用了最先进的技术，再辅之以合理的建筑和设备布局，同时采用通风、报警和泄漏控制系统，从而将风险降到最低。此外，为了消除每一个潜在的危险，在所有场合中均不得使用明火。同样，电力和机械系统均采用了阻燃材料，不同的建筑之间保持安全距离，所有的设备、电动机、动力系统和电线均接地，在高风险区域安装防火墙、防火门和自动灭火装置。最后，应急程序、消防和疏散计划，以及详细的维护计划需要落实到位，并对安全系统进行定期检查和对相关人员进行训练以保证顺利地完成日常安全巡查任务。

　　Neunburg vorm Wald 发电站的管理经验证明了我们现有的关于工艺技术、安全设计和设备运行技术是足够成熟的。它是一座能够大范围供电的大型氢能发电站。

10.9　HaRI 项目

　　在英国拉夫堡，一项名为 HaRI（Hydrogen and Renewable Integration，氢能和可再生能源并网）的项目被提出，其用途是给当地的居民区和商业大楼供暖供电，这套设备从下列的子系统中获取能量并进行转化，为研究不同技术之间的复杂组合提供了一个生动的例子：

　　1）两台 25kW 配备有失速控制和笼型异步发电机构成的双叶片风力发电机；

　　2）两座发电峰值功率达 3kW 的太阳能发电站，其中一座为单晶硅太阳能发电站，另一座为多晶硅太阳能发电站；

　　3）两台水力涡轮发电机，一台功率为 1kW，另一台功率为 2.7kW；

　　4）内燃机与热电联供系统相连，能够同时输出 15kW 的供电功率和 38kW 的供暖功率。

　　电解槽采用高压 2.5MPa 碱性电解槽，产氢率能够达到 $8Nm^3/h$，功率为 34kW。氢气的输出流量可以进行控制，但是通常在阈值的 20% 以下，目的是防止电解池对气体的污染。由于电解槽的连续开关循环会增大阴极损坏的概率，因此在电解槽之前使用一组传统的电化学电池，来降低风力发电造成的总线上的电压波动。这些电池具有高能量密度（1000kW/kg 时）和高工作温度（300℃）的特点，电池容量达到 32Ah，能够独立工作 20h。

　　储气系统的容积为 $22.8m^3$，工作时压力最高可到 13.7MPa，最大储气量为

$2856Nm^3$，与之配套的设施是一台功率为 4kW 的气体压缩机。

两块燃料电池均为 PEM 燃料电池，其中一块与热电联供系统相连（发电功率为 24V 时 2kW，供暖功率为 2kW），另一块没有与热电联供系统相连，在 48V 时可提供 5kW 供电功率。这套系统通过中间的总线主干网将所有的子系统连接起来，再通过中央逻辑控制系统来监测装置的运行。

正如上文所提出的，在这套高度集成的系统中，关键的问题在于不同的子系统间做出权衡来进行优化，这样的权衡方式会使得一些子系统在其非最佳条件下运行。因此一个优秀的逻辑控制系统需要做的就是减少子系统在非最佳条件下运行的情况从而提高装置的总体效率。这种做法同样能够降低维护成本，延长装置的工作寿命（服役时间）。据报道，电解槽是最重要的受控子系统，原因是它有限的重复开关次数导致在最低功率运行时会损失更多的能量。

10.10　从实际应用中得出的结论

从上面提及的这些已经在现实生活中存在的项目，我们可以获得很多有用的信息。

首先，系统的性能和氢能成本与从可再生能源中转化的能量效率相关，早日实现光伏发电系统或者风力发电系统与市电同价的目标，可以使得制氢产业变得更加具有竞争性和持续性。先进的转化技术可以提升装置的整体性能，增加经济效益，从而利于市场推广。成本预估需要考虑到储气系统和管道采用的特殊材料，材料需要能够抵抗如氢脆等导致性能下降的现象。只有在对其使用寿命上做出正确而全面分析的基础上，才能对其经济可行性做出正确的评估。

其次，虽然通过光伏电池-电解槽-储气系统-燃料电池的能量转换方式要比直接转化要复杂得多，但是这种方式可以减少或者避免储存过程中的能量损耗。合理的逻辑控制系统和能量管理系统能够优化系统的整体性能。此外，系统的所有组件，即与电解槽相关的可再生能源系统，都必须十分可靠。

与前述的安全管理相比，无论系统采用何种集成方式或者整体尺寸如何，一个确保系统运行的安全度与可靠性的辅助系统尤为重要。此外，通过严格的风险控制来确保装置运行能够达到最大的安全性，同时将潜在风险系数降到最低。事实上，如果氢能系统采用了正确的设计，并由专业的人员进行维护，那么它的安全系数可以达到一个很高的高度。

可再生能源系统的能源输出存在波动，但是这个波动可以通过下游的氢能系统有效抹平，同时也可以帮助其达到每年运行 6000h 的目标。一些电网运营商会接受这种存在波动的电力，这些电能达到产能总量的 10% ~ 20%。同时采用长期的储氢方式能够使得氢能-太阳能发电站更受电网运营商的欢迎，原因是可再生能源的不稳定性不再影响发电站的电力输出。

本章中提到的例子，提供了一个将光伏电池、沼气、风能和水电与氢能系统相连的直接视角。这表明各个国家可以根据自身的具体情况，选择将不同的系统连接起来获得最优设计的发电装置。比如，北方国家的日照时间相对较少，因此可以选择风力或者水力发电来代替光伏发电。

最后，氢能系统能够迅速而有效地对负载条件的变化做出响应，这在负载频繁变化的电力需求时显得十分重要，大型氢能发电系统能够满足电网的动态需求，相比之下，传统的电力设备需要花费数小时来对负载的变化做出响应。

参 考 文 献

1. Agbossou K, Chahine R, Hamelin J, Laurencelle F et al (2001) Renewable energy systems based on hydrogen for remote applications. Journal of Power Sources 96:168–172

2. Chaparro A M, Soler J, Escudero M J, Daza L (2003) Testing an isolated system powered by solar energy and PEM fuel cell with hydrogen generation. Fuel Cells Bull. 10–12

3. Chaparro A M, Soler J, Escudero M J, de Ceballos E M L et al (2005) Data results and operational experience with a solar hydrogen system. Journal of Power Sources 144:165–169

4. Galli S, Stefanoni M (1997) Development of a solar-hydrogen cycle in Italy. Int. J. Hydrogen Energy 5 (22):453–458

5. Hedström L, Wallmark C, Alvfors P, Rissanen M et al (2004) Description and modelling of the solar-hydrogen-biogas-fuel cell system in GlashusEtt. Journal of Power Sources 131:340–50

6. Hollmuller P, Joubert J-M, Lachal B, Yvon K (2000) Evaluation of a 5 kW$_p$ photovoltaic hydrogen production and storage installation for a residential home in Switzerland. Int. J. Hydrogen Energy 25:97–109

7. Lehman P A, Chamberlin C E, Pauletto G, Rocheleau M A (1997) Operating experience with a photovoltaic-hydrogen energy system. Int. J. Hydrogen Energy 5 (22):465–470

8. Little M, Thomson M, Infield D G (2005) Control of a DC-interconnected renewable-energy-based stand-alone power supply. Presented at Universities Power Engineering Conference, Cork

9. Little M, Thomson M, Infield D G (2007) Electrical integration of renewable energy into stand-alone power supplies incorporating hydrogen storage. Int. J. Hydrogen Energy 32:1582–1588

10. Szyszka A (1998) Ten years of solar hydrogen demonstration project at Neunburg vorm Wald, Germany. Int. J. Hydrogen Energy 10 (23):849–860

第 11 章 结 语

太阳能制氢的能量转换、储存及利用系统是一种替代当前基于化石能源集中式能源系统的有效、可靠、持续、独立的系统。这样的取代会对全球的宏观经济造成非常巨大的潜在影响。在这本书中，我们并不打算去深入地在政治学和社会学的范畴来讨论这样的转变，但是我们希望去唤醒通过分散化的能源生产和管理来改变国际政治局势，从而营造出更加安全干净的乐居环境。

从技术的角度来讲，现在仍然存在很多问题亟待解决，比如书中提到的氢气在常温常压下的高效储存。但是正如在其他科技革新中同样发生过的故事一样，强烈的市场需求带来的经济效益，能够加速技术的更新换代。

氢能系统的第一原则效率和第二原则效率使得它很适合大规模的使用，但是这不是它能够成为替代能源的唯一决定因素。事实上在考虑成本和收益同时，其他的优点如污染排放的降低、更高质量的生活、更高的国民生产总值、更稳定的能源供给系统以及更高的能源独立性更值得推崇。氢能系统的引入可以作为解决人类健康、政治冲突和能源短缺等问题的突破口，因此在推行这种新型的能源系统的同时，需要严格地分析它的生命周期、仔细的进行预算以及对无形收益的精确估计。

通过对太阳能制氢的能量转换、储存及利用系统的收益的合理估计，我们可以加深对这种后备能源经济前景的理解，这可以改变人们对环境和能源问题的认识，并且深刻地影响政府的能源政策，这将推动这种新能源系统做出更大的发展，来加快我们向更干净、更美好的世界迈进的步伐。

图书在版编目（CIP）数据

太阳能制氢的能量转换、储存及利用系统：氢经济时代的科学和技术/（意）齐尼（Zini, G.），（意）塔塔里尼（Tartarini, P.）著；李朝升译. —北京：机械工业出版社，2015.10（2022.8 重印）

（国际电气工程先进技术译丛）

书名原文：Solar Hydrogen Energy Systems: Science and Technology for the Hydrogen Economy

ISBN 978-7-111-51748-1

Ⅰ.①太…　Ⅱ.①齐…②塔…③李…　Ⅲ.①太阳能－制氢　Ⅳ.①TQ116.2

中国版本图书馆 CIP 数据核字（2015）第 239915 号

机械工业出版社（北京市百万庄大街22 号　邮政编码100037）

策划编辑：刘星宁　责任编辑：刘星宁

版式设计：霍永明　责任校对：张　薇

封面设计：马精明　责任印制：郜　敏

北京盛通商印快线网络科技有限公司印刷

2022 年8 月第1 版第4 次印刷

169mm×239mm · 10.5 印张 · 196 千字

标准书号：ISBN 978-7-111-51748-1

定价：59.80 元

凡购本书，如有缺页、倒页、脱页，由本社发行部调换

电话服务

服务咨询热线：010-88361066

读者购书热线：010-68326294

010-88379203

封面无防伪标均为盗版

网络服务

机工官网：www.cmpbook.com

机工官博：weibo.com/cmp1952

金书网：www.golden-book.com

教育服务网：www.cmpedu.com